图1 神富6号

图5 烟富8号丰产状

图2 烟富1号

图3 烟富2号

图6 新红将军

图4 烟富3号

图7 昌红

图 8　宫藤富士

图 12　皇家嘎拉

图 9　礼富 1 号丰产状

图 13　天汪 1 号

图 10　寒富丰产状

图 14　康拜尔首红

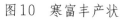

图 11　华红

图 15　阿斯

图16　超红

图20　桃小食心虫幼虫

图17　天水花牛苹果无袋栽培

图21　桃小食心虫成虫

图18　富硒精品果

图22　桃小食心虫钻果泪滴症状

图19　SOD精品果

图23　桃小食心虫出果孔

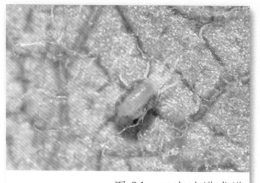

图 24 二斑叶螨成螨

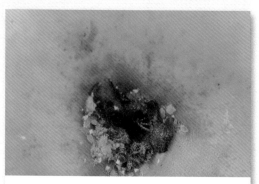

图 28 康氏粉蚧

图 25 二斑叶螨危害状

图 29 苹果瘤蚜危害状

图 26 苹果黑点病

图 30 苹果黄蚜危害状

图 27 苹果苦痘病

图 31 苹果绵蚜枝条危害状

图 32　苹果绵蚜树皮危害状

图 36　金纹细蛾幼虫

图 33　苹果小卷叶蛾幼虫

图 37　金纹细蛾成虫

图 34　苹果小卷叶蛾成虫

图 38　金纹细蛾叶片正面危害状

图 35　苹果小卷叶蛾危害状

图 39　金纹细蛾叶片背面危害状

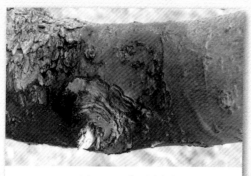

图40 苹果树腐烂病症状

图41 苹果树腐烂病症状

图43 苹果树腐烂病主枝死亡

图42 苹果树腐烂病主枝死亡

图44 苹果轮纹病枝干轮纹状

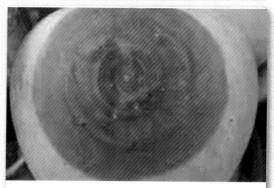

图45 苹果轮纹病果实轮纹状

图 46 苹果斑点落叶病症状

图 50 苹果圆斑根腐病

图 47 苹果斑点落叶病落叶状

图 51 苹果根腐病地上部分衰弱

图 48 苹果白粉病初期症状

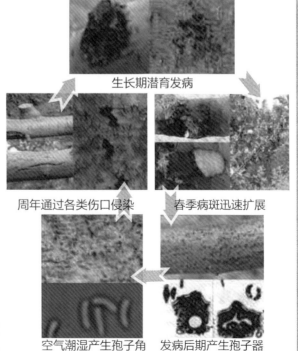

生长期潜育发病

周年通过各类伤口侵染   春季病斑迅速扩展

空气潮湿产生孢子角   发病后期产生孢子器

图 52 苹果树腐烂病侵染循环

图 49 苹果白粉病重症

图 53　彻底刮治腐烂病病斑

图 57　苹果枝干轮纹病枝干轻刮树皮

图 59　鸟害危害状

图 60　果实生长期日灼

图 54　腐烂病病斑刮治后涂药

图 61　果实摘袋后日灼

图 55　主干腐烂病病斑脚接

图 56　主枝腐烂病病斑桥接

图 58　苹果枝干轮纹病枝干涂药保护

图 62　果实套袋防治日灼

一本书明白

苹果
速丰安全高效
生产关键技术

YIBENSHU

MINGBAI

PINGGUO

SUFENGANQUANGAOXIAO

SHENGCHAN

GUANJIANJISHU

汪景彦　隋秀奇　主编

"十三五"国家重点
图书出版规划

新型职业农民书架·
种能出彩系列

山东科学技术出版社　山西科学技术出版社　中原农民出版社
江西科学技术出版社　安徽科学技术出版社　河北科学技术出版社
陕西科学技术出版社　湖北科学技术出版社　湖南科学技术出版社

中原农民出版社　　　　　　　　　　　　联合出版

图书在版编目（CIP）数据

一本书明白苹果速丰安全高效生产关键技术/汪景彦，隋秀奇
主编.—郑州：中原农民出版社，2018.5
（新型职业农民书架·种能出彩系列）
ISBN 978-7-5542-1934-8

Ⅰ.①一… Ⅱ.①汪… ②隋… Ⅲ.①苹果－果树园艺 Ⅳ.①S661.1

中国版本图书馆CIP数据核字(2018)第123696号

主　编　　汪景彦　隋秀奇

副主编　　安秀红　厉恩茂

编　者　　李　壮　吴玉星　杨波云

　　　　　汪纯龙　李　敏

一本书明白苹果速丰安全高效生产关键技术
主　编：汪景彦　隋秀奇

出版发行	中原农民出版社	
	（郑州市经五路66号　邮编：450002）	
电　话	0371-65788676	
印　刷	河南安泰彩印有限公司	
开　本	787mm×1 092mm　1/16	
印　张	10	
彩　插	8	
字　数	168千字	
版　次	2019年2月第1版	
印　次	2019年2月第1次印刷	

书　号	ISBN 978-7-5542-1934-8
定　价	39.90元

目 录
Contents

一、苹果生产现状与前瞻

1. 近年苹果面积消长情况怎么样？

（1）全国总面积 全世界共有 93 个国家和地区生产苹果，栽培面积基本维持在 500 万 hm^2 左右。我国苹果栽培面积，2015 年达到 232.83 万 hm^2，占世界苹果总面积的 55.0%，居世界苹果生产国首位。1985 ~ 1989 年，随着红富士、新红星等新品种的开发，苹果栽培面积从 86.54 万 hm^2 扩大到 168.99 万 hm^2，增长近 1 倍；1991 ~ 1996 年，苹果面积从 166.16 万 hm^2 扩大到 298.69 万 hm^2，栽培面积以每年 20 万 ~ 44 万 hm^2 的速度在增长，平均年增 12.4%。由此高速发展的结果导致苹果生产过剩，出现卖果难、经济效益低的现象。所以，从 1997 年开始，我国苹果生产转入调整阶段，主要是产区、品种结构的调整，一些非适宜区，不适品种和低产园开始挖树。到 2005 年，我国苹果面积只剩 189.03 万 hm^2，即挖掉了 36.7%，近 110 万 hm^2，经济损失约 570 亿人民币，这是个沉痛的教训！之后的发展比较稳健，近几年，全国苹果栽培面积每年增长幅度在 5% ~ 7%，如 2006 年总面积为 189.88 万 hm^2，2007 年为 196.18 万 hm^2，2008 年为 199.22 万 hm^2，2009 年为 204.91 万 hm^2，2010 年为 206.60 万 hm^2，2011 年为 205.52 万 hm^2，2016 年为 233.33 万 hm^2。

（2）苹果栽培"西移北扩"趋势明显 我国有四大苹果产区，即渤海湾产区、西北黄土高原产区、黄河故道产区和西南冷凉高地产区。2002 年农业部制定了苹果优势区域发展规划，将渤海湾产区和西北黄土高原产区划为国家苹果发展的优势区域，加以重点建设，以形成苹果生产的重点产业带，充分发挥各自的比较优势，提高我国苹果业整体水平和实力。被确定的重点区域是：渤海湾产区有山东省胶东半岛，泰沂山区，辽宁省辽西、辽南地区，河北省秦皇岛地区；西北黄土高原产区有陕西省渭北地区，山西省晋中、晋南地区，河南省三门峡地区和甘肃省陇东地区。

按 2016 年数据，全国苹果生产主要分布在 7 个主产省区，陕西最多，69.515 万 hm²，以下依次是山东 29.968 万 hm²，甘肃 29.475 万 hm²，河北 24.265 万 hm²，河南 17.021 万 hm²，辽宁为 16.101 万 hm²，山西 15.546 万 hm²。这 7 个省苹果面积为 184.12 万 hm²，占全国 213.99 万 hm² 的 86.04%。

此外，黄河故道产区的安徽、江苏两省苹果栽培面积比较稳定。西南冷凉高地的四川、云南、贵州等地栽培面积也有一定量增加。总的看来，我国苹果栽培面积已步入稳定而合理的发展阶段。

2. 我国苹果产量状况如何？

（1）总产　我国苹果年产量是主产国中最多的，已连续 10 余年稳居世界首位，据联合国粮农组织统计数据，2010 年我国苹果产量为 3 326.329 万 t，占世界总产量的 47.8%。另据《中国统计年鉴》（2012）和国家统计局相关数据，2011 年，我国苹果产量为 3 598.48 万 t，仍居世界首位，占世界总产 50% 左右。2015 年达 4 261.39 万 t，占世界苹果的 55% 左右，2016 年再创新高，可达 4 350 万～4 390 万 t，近 3 年增 8%～10%。

（2）各省区产量　见表 1。

表 1　2015 年我国 7 个苹果主产省排名

名次	省区	产量（万 t）
1	陕西	1 037.29
2	山东	958.43
3	河南	449.65
4	山西	431.21
5	河北	366.58
6	辽宁	328.59
7	甘肃	248.41
合计		3 820.16
占全国		89.65%

注：根据《中国统计年鉴》（2012）和国家统计局相关数据整理

除主产省外，年产 10 万 t 以上的省区有新疆（71.51 万 t），四川（45.68 万 t），江苏（61.67 万 t），安徽（41.12 万 t），宁夏（40.89 万 t），黑龙江（11.40 万 t），北京（10.46 万 t），大部增产，少量减产。

3. 我国苹果质量状况如何？

品质是市场竞争的焦点，苹果品质是个综合概念，包括外观品质、食用品质、营养品质和贮藏品质等。果实品质受外界环境条件和自身（砧穗组合、树龄、树势、结果量等）的影响。苹果作为消费者首选的水果，应该是果重适度，果形端正或基本端正，着色好（红、黄、绿分明），光洁，艳丽，锈斑轻或无，无病虫危害，残药量少，成熟度适中，果实经严格分级（均一性好）、清洗、烘干、打蜡、包装程序，提高果品档次，刺激消费欲。在 2000 年前，我国还多处于数量效益阶段，全国优质果率很低，一般在 20%～30%。新世纪初，国家农业部提出，之后 5 年要达到 50% 以上。现在看，集中苹果产区优质果率一般可达到 40%～50%，一些优质示范园优质果率可达 70%～80%，个别精品园优质果率可达 90% 以上。随着苹果品质的改善，出口量和售价也相应增加和提高。如我国鲜苹果出口，1995～2005 年期间，除 1998 年外，均呈增长态势，2005年鲜苹果出口量为 82.40 万 t，比 1995 年增 71.51 万 t；鲜果出口金额达 3.06 亿美元，比 1995 年增长了 5.76 倍。11 年间出口数量年均增长 22.43%，出口金额年均增长达 21.06%。2011 年鲜苹果出口总量为 103.47 万 t，较 2010 年同期降低 7.87%，但出口金额和单价却明显提高。2016 年苹果质量较 2015 年下降，优质果率从 75% 降到 50% 左右。

今后，随着消费水平的提高，对优质果需求量越来越大，在精品园、示范园带动下，苹果品质会得到普遍的提高，优质果率再提升 10%～20% 是没有问题的。

4. 我国苹果销售状况如何？

（1）国内消费 以鲜苹果为主，苹果加工品为辅。我国是苹果生产大国，也是消费大国，对世界鲜苹果消费增长贡献率最大，为 84.08%。据联合国粮农组织数据库的消费统计，2004 年我国（包括台湾在内）鲜苹果消费量为

1 875 万 t，占世界总消费量的 1/3。平均每人每天食鲜苹果量是 38.88g，年消费量为 14.19kg，在世界上处于低水平。2016 年，我国鲜苹果人均占有量已达 31.0kg，2015 年鲜苹果需求量为 2 000 万 t 左右。

（2）出口换汇　2000 年以前，我国苹果出口率（出口量占总产量的比例）一般为 1% 左右。2005 年出口率为 3.43%，当年世界出口率为 10.35%，还差 6.92%。2011 年我国鲜苹果出口总量为 103.47 万 t，出口率为 2.88%，与世界苹果出口率 10% 左右还有较大差距。

（3）销售状况　在 1995 年前，多年来未发生供过于求现象，从 1995 年开始，直至 2005 年，各地常发生卖果难现象。2008 ～ 2010 年苹果价格不断上升，但从 2011 ～ 2012 年苹果平均价开始下滑，降幅达 6.4%，2012 年各苹果产区价格呈现高开低走的态势，如富士苹果 8 ～ 11 月每千克分别为 6.5 元、6.52 元、6.84 元、6.01 元，降幅高达 12.13%。但 2013 年，由于苹果受灾严重，果品价又有不同程度的提升。

5. 我国目前苹果产业经济效益如何？

我国苹果收益显著。2010 年苹果平均产值达 133 215 元 /hm^2，净利润 75 480 元 /hm^2，较其他大宗农产品具有显著优势。苹果生产利润是稻谷的 16 倍、小麦的 38 倍及玉米的 21 倍，是大豆的 32 倍，是棉花的 5 倍，是柑类水果的 3.2 倍，是蔬菜的 1.8 倍。从投资与回报来看，苹果是投入效益最高果树。2010 年苹果平均成本利润率为 130.7%，是粮豆作物的 3 倍以上，明显高于棉花、柑、橘和蔬菜等其他劳动密集型农作物。近年来，除 2008 年和 2009 年受金融危机影响外，我国苹果生产效益总体呈上升趋势。2005 年苹果产值不到 45 000 元 /hm^2，2010 年约达 135 000 元 /hm^2。2005 年苹果净利润为 23 010 元 /hm^2，2010 年已超过了 75 000 元 /hm^2。

尽管农资及人工成本不断上涨，但 2005 ～ 2010 年，除 2008 年和 2009 年受金融危机影响较为严重，其余年份苹果生产利润都超过了总成本。除此之外，当前苹果生产效益的实现还需依靠更多的投入推动。从利润率可以看出，尽管近几年苹果总成本迅速增加，但利润率一直较稳定地维持在高位，这表明净利润和总成本保持同步增长，或者说大规模的投入将继续推动苹果效益增长。

6. 我国苹果生产上存在的主要问题是什么？

我国是世界苹果生产、消费大国，但不是强国，在很多方面与先进国家有较大差距，如果园基本设施、各环节机械化作业、砧穗组合、果园生草、灌溉自动化、水肥一体化等方面，要赶世界先进水平，还有漫长的路要走。当前在苹果生产上存在的主要问题是：

（1）资金投入不足 在我国多是穷人栽果树，没结果前，投入很少；一见果，有产量时，便加强管理。在当今农资、劳力涨价的情况下，果树的各项管理更加困难。按目前示范园标准管理1亩苹果园需总投入5 000～7 000元，可是一般果农最多能投3 000～4 000元，远远不够。

（2）劳力难求 我国人口众多，但干果业劳力缺乏，现在在果园中干活的主力是年老的、体弱的、有某种疾病的、有残疾的或妇女等5种人群。有些果园每天要到外地接送这些劳动者才能勉强完成管理任务。有的家庭雇不起劳力，全靠自家人管，实际上管不过来，只能粗放栽培。当今在大部分采用人工作业的情况下，搞好1亩盛果期苹果树，需要花费30～40个劳动日，多数果园做不到。

（3）缺少科技引领 如今搞好苹果生产，需要运用新技术，否则果树树势弱、果实品质差，效益不高。如沿用清耕制，修剪用截缩法，树冠大而密，树冠内花芽少，结果差，卖果难。

（4）果树苗木质量差 我国每亩苹果苗圃出苗量往往是1万～2万株，苗干细，根系不发达，芽子不饱满，栽后当年缓苗期长，进入结果晚。目前，刚开始用大苗（3年生）定植试验，有待示范推广。

（5）大多数苹果园沿用清耕制 多数果农还喜欢把果园行株间地面锄得干干净净，不留一个草刺，认为这是好果园。估计这类果园占的比例不小，有的果区超过70%以上，这种土壤管理制度应为生草覆盖制所代替。

（6）苹果树结果大小年现象依然突出 在自然或粗放管理的苹果园，结果大小年现象特别突出。在一般管理条件下，红富士等品种容易出现大小年现象，造成这种现象主要还是由于树体缺少营养储备和内源激素难以平衡。控制这一现象最根本的措施是保证肥水充分供应和适当控制果实负载量，在一定条件下，早疏花序，疏花蕾，疏花，花后10天开始疏果，按干周法、距离法或其他方法定果。另外，在成花期叶面喷布 PBO 等也有明显的促花效果。

（7）整形修剪沿用传统做法　除陕西、山西等过去采用大改形外，多数果区、果园还沿用传统的整形修剪法，喜欢采用大、中冠树形（疏散分层形或小冠疏层形），修剪方法上，仍沿用传统的截缩法，造成树势返旺，满树大条子，树冠郁闭光照差，内膛叶芽难成花。由于新梢旺长，夺走树体内的钙，果实缺钙症严重。为了促进成花，在初盛果期树上还照样搞主干环剥，虽然能形成大量花芽，但会造成树势大衰，继之，会有腐烂病、轮纹病、干腐病和烂根病的发生。

对密植园和郁密树的改造，除陕西省外，许多果区还未切实落实，树冠高大、郁闭、果小、质差，影响售价。在改造时，果农舍不得疏枝，怕影响当年和以后的产量，所以，尽可能多留枝，这是个普遍的问题。当然在树体改造时，过急、过重去除大枝，也会严重破坏地上部与地下部的平衡，会严重削弱树势和减产。

（8）苹果树腐烂病大发生　苹果树腐烂病菌属弱寄生菌，树势变弱，此病猖獗。造成树势弱的原因主要是冬季低温冻伤树皮，肥水供应不足，果实过多，树叶早落，贮藏营养不足等。2012 年冬季低温超过常年，2013 年北方果区普遍反映腐烂病严重。据调查，一般病株率在 30%～40%，重者达 70%～80%，有许多树上，病疤相连，一株树多达 3～10 块病疤，严重者地上部完全死亡，造成严重缺株，果园丧失经营价值。该病是一种毁灭性病害，必须高度重视。解决的办法是：

第一，提高树体贮藏营养水平，如增施腐熟的农家有机肥、生物肥，合理补充无机肥料，提倡早疏蕾，早疏果，合理留果。8 月后，加强保叶工作，达到正常落叶。

第二，细致查病，及时刮治，清理病皮，及时处理。

第三，保护伤口，病皮处新伤口要加以保护。一般用人造树皮、愈合剂、843 康复剂等。

（9）盲目用药，效果不佳　首先，一个大的苹果基地，或专业大户，基本上没有植保技术员，更不懂病虫测报技术，打药凭经验或定期打药，或看别人家打药，自己就盲目打药，一年打药 10 余次，投资多，效果差。大多数果农不按防治指标、经济阈值打药，也不懂在关键期打药，更不会根据品种特性打药。

其次，不按药的持效期打药，如不同杀菌剂的持效期不同，大生 M-45 持效期只有 7～10 天，若间隔 15 天打药，效果就差多了。波尔多液持效期在 20 天左右，如果间隔 15 天打药，就等于是浪费。

再次，果农对农药选择不严格，也不会主动购买针对性农药，多数是请农药销售商提供药品品种，有的把劣质农药买回来，效果并不好，甚至有的农药销售商把国家禁用农药（如福美胂）也卖给果农用，问题就更大了。

最后，秋季叶片提前大量脱落，有些果农以为套完袋，果实得到保护就万事大吉了，基本上不打药，或打 1～2 次杀菌剂，一旦 8～9 月遇多雨、高温季节，褐斑病、斑点落叶病多发生在树冠中下部叶片，甚至顶部叶片也大量提前脱落，有的树上只剩套袋果实在树上悬挂着。

为此，要有计划地在重点村、镇配备苹果技术员 1～2 名，负责当地的果树病虫害的测报工作，提供用药名称、浓度、方法等及全年打药方案，加大培训力度，使大部分专业户都懂些植保知识，掌握好用药技术。

（10）晚霜危害，损失严重 近 10 年来，晚霜危害频频，受害地区不固定，损失严重，如 2002 年，山东省烟台地区 4 月 24 日晚霜使温度降到 -4～ -3℃，苹果、梨、桃、葡萄、樱桃等树种，严重受冻，大年树变成了小年树，经济损失达 52 亿元。2004 年又遭受类似的晚霜袭击，损失也不小。2013 年春，西北黄土高原产区，物候期提前 10 余天，正值花期，晚霜降温 6℃左右，同样造成巨大损失，甘谷县花牛苹果示范园严重损失 70% 左右，其他产区（如陕西、山西、河北）也多次遭受不同程度的晚霜危害，应引起有关部门和广大果农的高度重视，不可掉以轻心。为何出现如此严重的霜冻危害呢？首先是果农预防霜冻的意识不强，事先毫无准备。霜冻来袭，束手无策。其次是霜冻预防不及时、不准确，使果农难以做好准备。所以，今后，最重要的是提高果树自身的抗寒性，如适量结果，防叶片早落，增加果树基肥量和根外追肥次数，提高贮藏营养水平；花前 7～10 天、8 月中旬分别喷 PBO 有一定的防寒能力；从环境上改变气温的话，可采用国外的加热器、吹风机、喷水灌溉法等。最重要的是晚霜危害应引起有关部门和领导的重视，列入专项，力争早日解决。

（11）果树再植病问题 这是老果区面临的迫切需要解决的问题。有些苹果大市（县），苹果面积达 3 万～ 6 万 hm²，几乎没有多少空闲地了，要更新果园，重新栽苹果树，再植病严重，难以取得早期丰产，这就需有关专家研究提出简便实用的办法来解决这个问题。

7. 影响果品安全生产的因子有哪些?

影响果园安全生产的因子主要包括生物性危害、化学性危害和物理性危害。

果品中的生物性危害：主要指生物本身及其代谢过程、代谢产物对果品原料、加工过程和产品的污染。这种污染会对消费者的健康造成损害。一般产生危害的生物有真菌、细菌、病毒、天然毒素和寄生虫。果品中的化学性质危害：主要指人类活动所产生的排放物、残留物和产品所释放出的化学物质对果品的污染。化学性危害涉及面较广，主要包括环境污染、农药残留、肥料残留、化学元素污染、包装材料对果品造成的污染等。物理性危害：指果品中存在的不正常的具有潜在危害的外来异物，常见的有玻璃、铁丝、铁钉、石块、金属碎片等。这些异物混在果品中，可能对消费者造成人体伤害。如损害牙齿、堵塞气管、卡住喉咙，以及破坏人体其他组织、器官等。

8. 果品生产的生物性危害预防措施有哪些?

预防生物性危害的措施主要有：生产、采收、贮运过程严格执行良好的卫生操作规范，防止果品污染；禁止食用腐烂、变质，着生菌丝、孢子的病果；果品加工前要经过严格的抽样检测和高温消毒等处理；进行及时的宣传教育，禁止食用含有天然毒素的物质，如苦杏仁、苦桃仁等；养成良好的饮食卫生习惯，饭前便后洗手，不吃不干净的水果等。

9. 果品生产的化学性危害预防措施有哪些?

预防化学性危害的措施主要有：科学地选择园址，远离交通干线和城市中心，不用城市污水和工业废水灌溉，土壤质量必须符合中华人民共和国国家标准《土壤环境质量标准》（GB 15618—1995）。灌溉用水主要来源于地下水、水库水、河水等清洁无毒水源，灌溉用水需执行国家标准《农田灌溉水质标准》（GB

5084—1992）。果园上游和上风向没有污染源，如化工厂、水泥厂、造纸厂等。空气质量严格执行中华人民共和国国家标准《环境空气质量标准》（GB 3095—1996）。严格管控、健全农药使用全程管理体系，加快农药安全使用标准体系建设步伐，健全农药生产和使用法律法规，完善农药残留监测和检验技术体系，加快加强农药残留检测网络建设，增强农药使用的指导、宣传和培训工作。系统开展果树营养吸收运作规律研究，实现科学、高效标准化施肥管理。以营养状况分析为前提，以树体需求规律为基础，科学施肥、平衡施肥，实现肥料利用率的最大化，降低化肥的绝对用量。对肥料生产厂家进行严格监管，避免伪劣假冒农肥进入果园。避免在采收期前20天追施化学肥料。利用污泥和堆肥前，必须进行无害化处理，使肥料达到国家相关标准。实行苹果生产的全程质量管控，监控化学元素、食品添加剂、包装材料的安全性和科学使用方法。

10. 果品生产的物理性危害预防措施有哪些？

预防物理性危害的措施主要有：验证卖方的证书和购销合同发票；购买各类异物的监测设备；预防为主，保持场区和设备的卫生；制定严格的生产管理制度，加大宣传和奖惩力度，提高生产者的安全卫生意识。

11. 我国苹果园重金属污染状况如何？

环境有害元素污染日益严重。随着我国城乡企业的发展，工业"三废"已经对果品的安全生产构成严重威胁，工业废气和烟灰中含有大量的砷、镉和铅等，严重威胁果品质量安全。废水中的砷、镉、汞和铅等是有害元素的共同污染源，未经处理或处理不当的污水灌溉已经成为苹果生产的有害元素污染的主要来源之一。此外农药中的汞制剂、铅制剂和砷制剂也是有害元素污染的主要来源之一，在我国果树生产中，汞制剂和砷制剂已基本被淘汰，但是含砷农药，如退菌特、田安、甲基砷酸胺、福美胂仍有应用。城市垃圾、河流污泥、粉煤灰中有害元素的含量更高，目前我国土杂肥以部分企业利用工业废料和城镇生活垃圾生产的有机复合肥为主，未经过严格的无害化处理，直接销售到果区，也对我国果品的安全生产带来威胁。

12. 我国苹果园农药的使用是否科学?

我国的农药用量居世界首位,生物农药应用相对较少。目前,化学防治仍然是苹果生产中主要病虫害防治方法,在果品生产中发挥着不可替代的作用,但是农药的违规使用或方法不当,将会给果品安全生产带来隐患。由于不合理使用农药,病虫普遍产生了抗药性,导致农药用量不断加大,使用次数逐年增多,农药残留超标现象较为严重。我国果园中水胺硫磷、对硫磷、甲胺磷、甲拌磷、久效磷、辛硫磷、滴滴涕、氰戊菊酯和甲基对硫磷等9种农药出现残留超标,超标率分别为11.82%、11.78%、12.02%、0.191%、0.191%、0.191%、0.139%、0.122%和0.122%。上述农药除氰戊菊酯和辛硫磷外,均为我国已禁用的农药。由此可见,虽然广泛采用果实套袋技术,有效控制了农药残留超标问题,但我国苹果农药残留状况仍较国外严重。

13. 我国苹果园的施肥现状如何?

盲目追求产量,过量施用化学肥料现象普遍。我国氮、磷、钾肥料极低,仅为发达国家的一半。化肥的大量使用破坏了土壤的微生物系统,影响了土壤的团粒结构稳定性,减弱了土壤的持水力,降低了土壤抵御干旱的能力,使果园生态环境日趋脆弱,影响了果业的可持续性发展。大量氮肥的使用,过剩氮肥通过径流、淋溶、反消化、吸附和侵蚀等方式进入环境,污染水体、土壤和大气,同时影响了土壤中其他元素的吸收利用。磷肥中混有许多重金属,如镉、钴、铜、铅、镍、砷、钒等,长期使用就会造成土壤的重金属污染。微量化肥施用过多,容易造成果树锌中毒、硼中毒、锰中毒,使叶片异常,甚至枯萎脱落。

14. 我国苹果园化学制剂的使用是否规范?

化学制剂使用不规范。果树上采用的化学制剂主要为植物生长调节剂,指一些天然或人工合成的化合物,可以调节果树的生长和发育。化学制剂在苹果生产上已广泛应用,例如,6-苄基腺嘌呤(6-BA)、二苯脲类(KT-30或4PU-30)等细胞分裂素类主要用于果实膨大,增加单果重;赤霉素、萘乙酸、生长素和乙烯利等激素主要用来提高坐果率、打破果树休眠期、增强果实着色、提早上市等;喷施多效唑(PP333)、烯效唑、调环酸钙等化学制剂,抑制树体营养生长，促进花芽分化，提早结果等。但在使用时，普遍不规范，过量、多次或使用时期不当给果品的安全带来隐患。

15. 我国是否制定了完善的质量安全标准？

　　果品质量安全标准体系尚不健全，质量监控力度不够。果品质量安全标准的核心内容是农药残留最大限量标准，国际组织和发达国家对水果中农药残留最大限量标准的规定非常完善和详细，联合国粮食与农业组织（FAO）和世界卫生组织（WHO），已经规定了103种农药在各种水果中的最大残留量标准值；欧盟将水果分为仁果类、核果类、浆果和小粒水果类、柑橘类、杂果类等5类，分别制定农药残留最大限量标准，涉及农药164种。美国将水果分为70余种，分别制定农药残留最大限量标准，涉及农药120余种。而我国发布的农药残留最大限量标准中，涉及水果的农药仅为70种，且过于笼统，没有规定标准值。我国目前已建立的国家级、部级农产品质量监督检验测试中心200余个，其中果品质检中心5个。但是，还没有建立起完善的市场准入和例行监测制度，这些监测机构未能完全发挥应有的作用。另外，我国目前的果品质量安全检测技术比较落后，科技含量低，可操作性不强，在农残检测方面对国际果品标准和先进检测手段缺乏研究和利用。

二、苹果优质、安全、速丰、高效生产的关键因素

1. 园址的选择有哪些要求？

　　生产基地的环境优劣是决定果品安全与否的基础。要选周边空气清新、水质纯净、土壤未受污染、具有良好农业生态环境的地区，避开繁华都市、工业区和交通干道，在相当大的范围内无粉尘，附近没有造纸厂、化工厂、水泥厂、硫黄厂等。建园前要对果园的大气、土壤、灌溉水进行监测，确保有害物质不超过国家标准。果园环境应符合《环境空气质量标准》（GB 3095—1996）、《农田灌溉水质标准》（GB 5084—1992）和《土壤环境质量标准》（GB 15618—1995）的规定。园内不得堆放工业废渣、废石及城市垃圾，禁用工业废水和城市污水灌溉。

2. 如何科学合理地使用化肥和农药？

　　科学施肥应在了解树体的营养需求运转规律、土壤营养状况和树体营养状况基础上进行，以叶分析结合土壤测试指导果园施肥，严格控制施肥数量，采用多次少量方式施肥，最大限度提高施肥效率，降低化肥投入。同时要避免肥料中的有害物质进入土壤，从而达到控制污染、保护环境的目的。禁止使用未经无害化处理的城市垃圾、硝态氮肥、未腐熟的人粪尿以及未获登记的肥料产品。大力发展农业防治、物理防治、生物防治等病虫害综合防治技术，逐步减少农药使用数量。选择具备资质的农药供应商，选择"三证"齐全并且对症的农药，根据药品标签正确配药和施药，不可将剩余药液重复用在已经使用过的果树上，用药期间应设立警示牌，标志用药情况，以分辨用药与否，确保安全。选用高效、低毒、低残留农药，根据病虫害发生情况适时用药，尽量避开天敌活动盛期用药；采收前1个月不施农药。农药要轮换和交替施用，以免病虫产生抗药性。

3. 如何规范化果品的安全生产？

加强果品质量安全监管力度。建立苹果质量安全例行监测机制，实现苹果质量安全的周年监测，尤其是对农药残留和有害元素污染进行监测。完善国家及质检中心、省级质检机构、县市级农残检测站三级监控、检测管理体系。确定强制检测的农药残留种类和限量。加强全国果品质量安全普查的力度，做好果品产前、产中、产后各环节的监控，不断提高果品质量安全水平。完善仪器设备和检测手段，开发推广农残快速检测技术，充实检测力量，提高检测能力。

构建果品质量标准化检测技术体系。据国内外的市场需求，制定切合中国国情的水果标准化体系。随着相关科学的迅速发展，农药残留检测技术也有了重大进展，要建立快速、简便、低成本、易推广的水果农残速测的技术标准，尽快制定完善农药残留的限量标准，尽快制定适应国内外需要的检测标准。

此外，建立标准化、规模化生产基地，引导苹果产业发展，是确保果品安全生产的重要途径。根据市场和不同消费群体，建立标准化、规模化的生产基地，按照统一的技术规范，如"无公害果品生产技术规范""绿色果品生产技术规范""有机果品生产技术规范"等，可以带动引导果业的安全持续发展。

4. 什么是无公害苹果？

无公害苹果是指产地生态环境质量、生产过程以及果品质量分别符合农业行业标准《无公害食品 林果类产品产地环境条件》《无公害食品 苹果生产技术规程》《无公害食品 仁果类水果》的要求，经认证合格，获得认证证书，并允许使用无公害标志的苹果。无公害食品使用的期限为3年。

5. 发展无公害苹果有何意义？

发展无公害苹果是满足国内消费群体的需要。随着生活水平的不断提高，国内消费者对果品质量的要求不断提高，果品的消费既要品质优良又要安全健康，安全、优质的无公害苹果已经成为普通老百姓消费的潮流，无公害苹果在市场中也日益走俏，成为当今苹果生产的趋势。

发展无公害苹果是提高我国苹果国际竞争力的需要。2012年我国鲜苹果总产量达3 950万t，鲜苹果出口总量不足100万t。我国苹果国际市场竞争力差，经济效益低，与我国的苹果生产大国地位严重不符，制约着我国苹果产业可持续性发展。加入 WTO 以来，在国际贸易中，欧美、日韩等国家和地区为了保护本国的苹果产业的发展，构建了严格的非关税贸易壁垒，在品质低劣、农残超标等方面出现贸易纠纷时有发生。曾发生的"毒果袋"事件，再次给我国苹果产业的安全生产体系敲响警钟。因此必须大力发展无公害苹果生产，提高我国果品的质量，增强我国苹果的国际竞争力。

发展无公害果品，有利于优化农业生态环境。发展无公害果品，必须确保产地环境符合无公害要求，因此通过无公害果品的生产，可以降低农药和化肥用量，应用环境友好型操作技术，可以避免大量使用化肥对土壤质地和结构的破坏以及农药、重金属残留超标等，确保了果园生态环境的可持续性。同时还可避免因农药使用不当对果品乃至消费者身体健康产生危害。

发展无公害苹果是增加果农收入、繁荣地方经济的重要途径。近年来，随着国内外消费水平的提高，苹果产业已经明显从数量效益型向质量效益型转变，优果优价的趋势日益明显，大路货苹果市场萎缩，价格低迷，一般仅为无公害优质果品价格的 $1/3 \sim 1/2$。大力发展无公害苹果，可以大幅度提高果农的收入，提高苹果种植户的积极性，活跃地方果品市场，促进地方经济的繁荣发展。

6. 无公害苹果产品的感官要求有哪些?

无公害苹果的感官要求：具有本品种的特有风味，无异常气味。充分发育，达到市场或贮存要求的成熟度。果形端正，具有本品种成熟时应有的色泽。其中大型果横径 $\geq 70\text{mm}$，中型果横径 $\geq 65\text{mm}$，小型果横径 $\geq 55\text{mm}$。要求果柄完整或统一剪除。

7. 无公害苹果对农药残留量有何要求?

无公害苹果中不得检测出马拉硫磷，其中要求果品中汞（以 Hg 计）$\leq 0.01\text{mg/kg}$；辛硫磷等 $\leq 0.05\text{mg/kg}$；溴氰菊酯、敌百虫等含量 $\leq 0.1\text{mg/kg}$；氰戊菊酯、氯氟氰菊酯、铅（以 Pb 计）等 $\leq 0.2\text{mg/kg}$；镉（以 Cd 计）等 $\leq 0.3\text{mg/kg}$；杀螟硫磷、多菌灵、抗蚜威、双甲脒、砷（以 As 计）、氟（以 F

计）等≤0.5mg/kg；毒死蜱、除虫脲、三唑酮等≤1mg/kg；氯菊酯、三唑锡 ≤2mg/kg；克菌丹≤5mg/kg；铜（以 Cu 计）≤10mg/kg。

8. 怎样进行无公害苹果的认证？

具备无公害苹果生产条件的单位或个人，均可通过当地有关部门向省级无公害农产品管理部门为其产品申办无公害农产品标志和证书。申请者应按要求填写无公害农产品申请书、申请单位或个人基本情况及生产情况调查表，提供产品注册商标文本复印件及当地农业环境监测机构出具的初审合格证书。

省级无公害农产品管理部门，在认为申报基本符合要求后，向申请者颁发无公害农产品证书，并向社会公告。同时与申请者签订无公害农产品标志使用协议书，授权使用无公害农产品标志。无公害农产品标志和证书有效使用期限为 3 年。使用者必须严格履行无公害农产品标志使用协议书，并接受环境和质量检测部门的定期抽检。

申请者取得无公害农产品标志后，应在产品说明或包装上标注无公害农产品标志、批准文号、产地、生产单位等。标志上的文字应清晰、完整、准确。

9. 无公害苹果需要满足哪些指标要求？

无公害苹果的分级标准是以苹果质量指标为依据制定的，是苹果生产者和经销商评定苹果质量的重要依据，也是生产者生产优质果品的依据。主要包括苹果外观等级规格指标，苹果主要品种的色泽、单果重等级要求，《中华人民共和国国家标准 鲜苹果》理化指标，绿色食品苹果果实质量理化指标，无公害食品苹果的卫生指标等。

10. 无公害苹果外观等级规格指标有哪些要求？

基本要求：充分发育,成熟,果实完整良好,新鲜洁净,无异味、正常外来水分、刺伤、虫果及病害；具有本品种成熟时应有的色泽；符合苹果主要品种的单果重。

特等果品要求：果形端正,果梗完整。褐色片锈不得超出梗洼和萼洼,不粗糙,网状薄层不得超过果面的 2%。果面允许轻微磨伤,面积不超过 $0.5cm^2$。无重锈斑、刺伤、碰压伤、日灼、药害、雹伤、裂果、虫伤、痂、小疵点等。

一等果要求：果形比较端正，允许轻微损伤。褐色片锈可轻微超出梗洼和萼洼，表面不粗糙，网状薄层不得超过果面的 10%。重锈斑不得超过果面的 2%。果面允许不变黑磨伤，面积不超过 $1.0cm^2$。水锈轻微薄层，面积不超过 $1.0cm^2$。允许有轻微的药害，面积不超过 $0.5cm^2$。允许干枯虫伤，面积不超过 $0.3cm^2$。痂面积不得超过 $0.3cm^2$。小疵点不得超过 5 个，无重刺伤、碰压伤、日灼、雹伤、裂果等。

二等果要求：果形可有缺陷，但不得有畸形果。果梗允许损伤。褐色片锈不得超过果肩，表面轻度粗糙，网状薄层不得超过果面的 20%。重锈斑不得超过果面的 10%。允许干枯刺伤，面积不超过 $0.03cm^2$。允许轻微碰压伤，面积不超过 $0.5cm^2$。允许不影响外观的磨伤，面积不超过 $2.0cm^2$。水锈面积不得超过 $2.0cm^2$。允许有轻微的日灼，面积不超过 $1.0cm^2$。允许有轻微的药害，面积不超过 $1.0cm^2$。允许轻微雹伤，面积不超过 $0.8cm^2$。可有 1 处短于 0.5cm 的风干裂口。允许干枯虫伤，面积不超过 $0.6cm^2$。痂面积不超过 $0.6cm^2$。小疵点不得超过 10 个。

11. 无公害苹果主要品种的理化标准有何要求？

无公害苹果理化标准按《无公害食品 仁果类水果》（NY 5011—2006）执行，其完全采用《中华人民共和国国家标准 鲜苹果》（GB/T 10651—2008）中的相关要求，分为果实硬度和可溶性固形物。

果实硬度：富士系 $\geqslant 7N/cm^2$，嘎拉系 $\geqslant 6.5N/cm^2$，藤木 1 号 $\geqslant 5.5N/cm^2$，元帅系 $\geqslant 6.8N/cm^2$，华夏 $\geqslant 6.0N/cm^2$，粉红女士 $\geqslant 7.5N/cm^2$，澳洲青苹 $\geqslant 7.0N/cm^2$，乔纳金 $\geqslant 6.5N/cm^2$，秦冠 $\geqslant 7.0N/cm^2$，国光 $\geqslant 7.0N/cm^2$，华冠 $\geqslant 6.5N/cm^2$，红将军 $\geqslant 7N/cm^2$，珊夏 $\geqslant 6.0N/cm^2$，金冠系 $\geqslant 6.5N/cm^2$，王林 $\geqslant 6.5N/cm^2$。

可溶性固形物含量（%）：富士系 $\geqslant 13$，嘎拉系 $\geqslant 12$，藤木 1 号 $\geqslant 11$，元帅系 $\geqslant 11.5$，华夏 $\geqslant 11.5$，粉红女士 $\geqslant 13$，澳洲青苹 $\geqslant 12$，乔纳金 $\geqslant 13$，秦冠 $\geqslant 13$，国光 $\geqslant 13$，华冠 $\geqslant 13$，红将军 $\geqslant 13$，珊夏 $\geqslant 12$，金冠系 $\geqslant 13$，王林 $\geqslant 13$。

12. 无公害苹果的卫生标准有哪些要求？

根据《无公害食品 仁果类水果（NY 5011—2006）》的要求，无公害苹果的卫生标准如下：

杀螟硫磷≤0.5，马拉硫磷不得检出，辛硫磷≤0.05，多菌灵≤0.5，氯菊酯≤2，抗蚜威≤0.5，溴氰菊酯≤0.1，氰戊菊酯≤0.2，三唑酮≤1，克菌丹≤5，敌百虫≤0.1，除虫脲≤1，氯氟氰菊酯≤0.2，三唑锡≤2，毒死蜱≤1，双甲脒≤0.5，砷（以As计）≤0.5，铅（以Pb计）≤0.2，镉（以Cd计）≤0.03，汞（以Hg计）≤0.01，铜（以Cu计）≤10，氟（以F计）≤0.5。（单位为mg/kg）

13. 无公害苹果对产地的要求有哪些？

无公害苹果园应建于生态农业区内，并具备一定的苹果面积和苹果生产能力，果园环境符合中华人民共和国农业行业标准《无公害食品 林果类产品产地环境条件》（NY 5013—2006）。根据该标准，无公害苹果的产地环境条件要求包括产地选择、产地空气环境质量、产地农田灌溉水质量、产地土壤环境质量四方面内容。

无公害苹果的产地要选在苹果适宜生态区内，周围不能有对环境造成污染的工矿企业，并远离城市、公路、机场等，避免有害物质的污染。经对苹果园的大气、土壤、灌溉用水进行监测，符合标准的才能确定为无公害苹果的生产基地。

14. 无公害苹果对产地的空气质量有何要求？

产地空气环境质量要求：在我国的大气环境中，污染物种类繁多，对果园空气环境质量影响较大的污染物主要包括二氧化硫、氟化物、氮氧化物、固体悬浮微粒等。这些污染物有的直接伤害苹果树，如破坏叶绿素，影响叶片的光合作用，使花、叶片和果实褐变和脱落，有的会在果实内积累，危害食用者的身体健康。无公害苹果产地环境要求空气中总悬浮颗粒物日平均浓度≤0.30mg/m^3，二氧化硫日平均浓度≤0.15mg/m^3（1小时平均浓度≤0.50mg/m^3），二氧化氮日平均浓度≤0.12mg/m^3（1小时平均浓度≤0.24mg/m^3），氟化物日平均浓度≤7μg/m^3。

15. 无公害苹果对产地灌溉用水质量有何要求？

产地农田灌溉水质量要求：无公害苹果产地农田灌溉水，要求清洁无毒，控制指标包括9项。其中要求pH在5.5～8.5，其他污染物浓度限值分别为总汞

0.001mg/L、总镉 0.005mg/L、总砷 0.10mg/L、总铅 0.1mg/L、六价铬 0.1mg/L、氟化物 3.0mg/L、氰化物 0.50mg/L、石油类 10mg/L。

16. 无公害苹果对产地土壤质量有何要求？

造成无公害苹果产地土壤污染的主要因素：由工矿企业和城市排出的废水、污水污染土壤；由工矿企业、生活燃煤以及机动车排出的有毒气体被土壤吸附，污染土壤；由农事操作中塑料膜及其他废弃物丢入土壤中造成污染；由苹果园施用农药、化肥造成污染。土壤污染物主要是有害重金属和农药。无公害苹果的产地土壤环境质量包括镉、总汞、总砷、铅、铬、铜 6 项衡量指标。当 pH ＜ 6.5时，土壤中各项污染物的含量限值分别为镉 0.30mg/kg、总汞 0.30mg/kg、总砷 40mg/kg、铅 250mg/kg、铬 150mg/kg、铜 150mg/kg；当 pH 为 6.5 ～ 7.5 时，土壤中各项污染物的含量限值分别为镉 6.30mg/kg、总汞 0.50mg/kg、总砷 30mg/kg、铅 300mg/kg、铬 200mg/kg、铜 200mg/kg；当 pH ＞ 7.5 时，土壤中各项污染物的含量限值分别为镉 0.60mg/kg、总汞 1.0mg/kg、总砷 25mg/kg、铅 350mg/kg、铬 250mg/kg、铜 200mg/kg。注：重金属（铬主要为三价）和砷均按元素量计，适用于阳离子交换量＞ 5cmol（+）/kg 的土样，若≤ 5cmol（+）/kg，铬和砷的浓度限值则分别为上述限值的一半。

17. 无公害苹果生产对园址有何要求？

无公害苹果园选择的前提是在优生区内，综合考虑当地气候条件、土壤条件、灌溉条件、地势、地形等。坚持适地适栽原则。还要考虑到农业结构、社会经济条件、基地目标、天时地利的优势情况。

气候条件：大部分品种适宜气候条件为 1 月平均气温≥ -10℃，6 ～ 8 月平均气温在 15 ～ 22℃，年平均气温 8 ～ 14℃，绝对低温≤ -25℃，年降水量500 ～ 600mm。

土壤条件：要求土层深厚，活土层在 60cm 以上。土壤肥沃，根系主要分布层有机质含量不低于 1%，最好是 1.5% ～ 2%。土质疏松，通透性、透气性好，孔隙度 10% 以上。pH 6.0 ～ 7.5 的沙壤土为好。

灌溉条件：果园附近有充足的水源，能够及时灌溉，特别是年降水量不足

500mm 的地区，必须有灌溉条件。

地势和地形：苹果比较适合坡度低于 25° 的丘陵坡地，以背风向阳的南坡为宜，以确保果实着色和品质。谷底和洼地容易积聚冷空气，引起霜害，不适宜栽植苹果树。

果园规模：集中连片建园，便于经营管理、机械化作业和运用高新技术，迅速形成商品规模和生产基地，以扩大知名度，参与市场竞争。因此要科学规划苹果的发展地区，根据自然生态条件确定栽植的重点县、乡（镇）、村，使果园相对集中连片，形成一定规模，便于统一设计、管理。

社会经济条件：建园前，应邀请有关专家对当地的社会经济条件、市场前景、品种结构、发展水平、生产目标、经济效益等进行分析预测，充分考虑当地的经济条件、人力、技术、交通等条件，量力而行。

18. 无公害果园的栽植密度如何？

栽植密度要根据自然条件、品种特性、砧穗组合生长结果特点、整形修剪方法、机械化管理水平、栽植面积、资金投入能力等综合因素来确定。

乔砧 - 普通型砧穗组合：树势较强，树冠高大，一般行距 4～6m，株距 2～4m。肥水条件好的平地行距可以按 5～6m，株距按 4m 较好。

矮化自根砧 - 普通型砧穗组合：这种树体生长势弱，树冠明显矮化，如用 M26、M9-T337 等，行距 3.5～4m，株距 1.5～2m 为宜。

矮化中间砧 - 普通型砧穗组合：这种树长势中庸，树冠中等大小。如用 M26、GM256、SH 系做中间砧，行距 4m，株距 2.5～3m。

乔砧 - 短枝型、矮化中间砧 - 短枝型和矮化型 - 短枝型砧穗组合：其生长势明显弱于普通型，树冠也比普通型小得多，因此，其行、株距分别比普通型品种小 0.5～1m。

19. 如何确保定植的果树规范整齐？

要做到栽后果树规范整齐，建议采用拉线栽植法。建园前，首先标出定植行和定植点。用钢尺、绳子进行标点，确保伸缩性小、准确度高。在平地，近似矩形地块，在距离小区边界半个株距和行距的地方定出基准点，顺行向确定基准行，然后定桩标定。定点要精准，纵横行误差不超过 7cm，斜行不超过 20cm。为减小误差，可以通过勾股定理标定垂线的直角。各行行线拉好后，从地头一端开始，每 8 ～ 10 行为一个单元，与各行向相垂直拉一条横线。横线可以由两个人各拿一端，做平行移动，让横线先落到地头第一株定植点上，然后依次落在每个定植点上，横线与行线的交叉点就是栽树点。栽植时，每行树由两个人负责，一个人扶苗，一个人填土。栽树者站在横绳靠地头方向，以方便移动横线。在离纵横两条线各 3 ～ 5cm 处（避免碰线），垂直放好树苗，并使嫁接口朝一个方向。回填时，边放土，边提苗，边踏实，直至填土到地表为止。待各组栽好第一株苗后，拉横绳的两个人提起绳子，移动到第二个定植点上，同样拉紧横绳，按前述的方法栽植。以此类推，直到最后一排。

20. 什么是绿色食品?

绿色食品在中国是对无污染的安全、优质、营养类食品的总称，是指按特定生产方式生产，并经国家有关的专门机构认定，准许使用绿色食品标志的无污染、无公害、安全、优质、营养型的食品。类似的食品在其他国家被称为有机食品、生态食品或自然食品。

21. 什么是绿色水果?

绿色水果是指遵守可持续发展原则，按照特定生产方式生产，经专门结构认定，许可使用绿色食品标志，无污染的安全、优质、营养类水果。符合以下要求：

其一，产品或产品原料的产地必须符合绿色食品的生态环境标准。

其二，农作物种植、畜禽饲养、水产养殖及食品加工必须符合绿色食品的生产操作规程。

其三，产品必须符合绿色食品的质量和卫生标准。

其四，产品的标签必须符合中国农业部制定的《绿色食品标志设计标准手册》中的有关规定。绿色食品的标志为绿色正圆形图案，上方为太阳，下方为叶片与蓓蕾，标志的寓意为保护。

22. 生产绿色水果有何意义?

生产绿色水果有益于果园生态环境的改善和果业生产的可持续性。近几十年来，我国果园大量施用化肥、化学合成的植物生长调节剂，造成果园灌溉用水和土壤环境的污染，影响了果园微生态环境，制约了果业的可持续发展。同时大量化肥农药的使用，也影响了果品的安全性和品质，危害消费者的身体健康。生产绿色果品有利于提高果品质量，增强果品的市场竞争力。我国加入 WTO 后，果品市场的竞争已由国内市场竞争变为国际市场竞争，由产量、价格竞争变为全方位的质量和健康品质竞争。我国是水果生产大国，但由于果品质量差，在国际市场中的竞争力不强，大宗水果的价格仅为发达国家的一半。通过绿色果品的生产可以提高果品质量，提高市场竞争力。此外，通过绿色果品的产前、产中和产后的一系列严格规范的操作过程的控制，可以根据我国的具体情况，制定出一系列的生产技术规范和标准，为我国高质量果品的规模化、标准化生产积累经验。

23. 绿色水果有哪些等级? 具备什么要求?

绿色食品标准分为两个技术等级，即 AA 级绿色食品标准和 A 级绿色食品标准。

AA 标准。AA 级绿色食品标准要求：生产地的环境质量符合《绿色食品产地环境质量标准》（NY/T 391—2013），生产过程中不使用化学合成的农药、肥料、食品添加剂、饲料添加剂、兽药及有害于环境和人体健康的生产资料，而是通过使用有机肥、种植绿肥、作物轮作、生物或物理方法等技术，培肥土壤，控制病虫草害，保护或提高产品品质，从而保证产品质量符合绿色食品产品标准要求。

A 级标准。A 级绿色食品标准要求：生产地的环境质量符合《绿色食品产地环境质量标准》（NY/T 391—2013），生产过程中严格按绿色食品生产资料使用准则和生产操作规程要求，限量使用限定的化学合成生产资料，并积极采用生物学技术和物理方法，保证产品质量符合绿色食品产品标准要求。

24. 绿色食品苹果感官有何要求?

绿色食品苹果的感官要求通常包括果形、色泽、果面、肉质、风味、缺陷容许度等，具体如下：

果实大小的要求：大型果的优等品≥75mm，一等品≥70mm，二等品≥65mm；中型果的优等品≥70mm，一等品≥65mm，二等品≥60mm。

表2　绿色食品苹果的感官要求

项目		优等品	一等品	二等品
果实大小/mm	大型果	≥75	≥70	≥65
	中型果	≥70	≥65	≥60
果实表面颜色指标/%	元帅系	浓红75以上	浓红66以上	浓红50以上
	富士系	红或条红75以上	红或条红66以上	红或条红50以上
	津轻	红或条红75以上	红或条红66以上	红或条红50以上
	乔纳金	鲜红、浓红75以上	鲜红、浓红66以上	鲜红、浓红50以上
	秦冠	红75以上	红66以上	红50以上
	国光	红或条红66以上	红或条红50以上	红或条红25以上

注：果实大小系指果实最大横截面积的直径。

25. 绿色食品苹果对理化指标有何要求？

绿色食品苹果的理化要求包括可溶性固形物、总酸或总酸量、果实硬度、果实纵横径、单果重等。

表3　绿色食品苹果的理化要求

品种	可溶性固形物/%	总酸或总酸量/%	果实硬度/kgf/cm²
元帅系	≥11	≤0.3	≥6.5
富士系	≥14	≤0.4	≥8.0
津轻	≥13	≤0.4	≥5.5
乔纳金	≥14	≤0.4	≥5.5
秦冠	≥13	≤0.4	≥6.0
国光	≥13	≤0.6	≥8.0
金冠	≥13	≤0.4	≥7.0
王林	≥14	≤0.3	≥7.0

26. 绿色果品的卫生要求有哪些？

绿色果品的卫生要求包括两个方面，一是农药残留量不能超过规定的限量标准，对于农产品标准中未明确规定残留限量的农药，最终残留量应符合有关国家标准（包括 GB/T 8321.1—2000、GB/T 8321.2—2000、GB/T 8321.3—2000、GB/T 8321.4—2000、GB/T 8321.5—2006 和 GB 4285—1989）规定的最高残留量和 NY/T 393—2013 的要求；二是稀土、氟、重金属（包括镉、汞、铅、砷、锌、铜、铬）的含量不能超过规定的限量标准。

27. 如何辨别绿色食品？

第一看级标。我国绿色食品发展中心将绿色食品定为 A 级和 AA 级两个标准。A 级允许限量使用限定的化学合成物质，而 AA 级则禁止使用。A 级和 AA 级同属绿色食品，除这两个级别的标志外，其他均为冒牌货。第二看标志。绿色食品的标志和标袋上印的"经中国绿色食品发展中心许可使用绿色食品标志"字样。第三看颜色。看标志上标准字体的颜色，A 级绿色食品的标志与标准字体为白色，底色为绿色，防伪标签底色也是绿色，标志编号以单数结尾；AA 级使用的绿色标志与标准字体为绿色，底色为白色，防伪标签底色为蓝色，标志编号的结尾是双数。第四看防伪。绿色食品都有防伪标志，在荧光下能显现该产品的标准文号和绿色食品发展中心负责人的签名。若没有该标志便可能为假冒伪劣产品。第五看标签。除上述绿色食品标志外，绿色食品的标签符合国家食品标签通用标准，如食品名称、厂名、批号、生产日期、保质期等。检验绿色食品标志是否有效，除了看标志自身是否在有效期，还可以进入绿色食品网查询标志的真伪。

28. 什么是有机农业？

遵照一定的有机农业生产标准，在生产中不采用基因工程获得的生物及其产物，不使用化学合成的农药、化肥、生长调节剂、饲料添加剂等物质，遵循自然规律和生态学原理，协调种植业和养殖业平衡，采用一系列可持续发展的农业技术以维持稳定的农业生产体系的一种农业生产方式。

29. 什么是有机苹果？

有机食品是国际上对无污染天然食品比较统一的提法。有机苹果是来自有机农业生产体系，根据有机认证标准生产、加工，并经独立的有机食品认证机构认证的果园及苹果产品；是根据有机食品种植标准和生产加工技术规范而生产的、经过有机食品颁证组织认证并颁发证书的苹果。在苹果的生产和加工过程中禁止使用农药、化肥、除草剂、合成色素、激素等人工合成物质，符合生态体系要求。

30. 为什么要发展有机苹果？

第一，有机苹果经济效益好，价格是普通苹果的 8 ～ 15 倍，可以充分打破我国农村人均土地资源较少的限制，促进果农增收。第二，有着广阔的发展空间。随着生活水平的日益提高，消费者有能力支付较高价格的有机水果消费。另外，由于食品安全问题频发，导致安全营养成为全世界关注的焦点问题，健康营养的有机水果有着广泛的国内外市场需求，将受到消费者的日益青睐。第三，有机果品生产属于劳动密集型产业，通过发展高附加值的有机苹果有利于解决我国农业劳动力就业问题，对于经济发展、社会稳定发挥了促进作用。第四，我国幅员辽阔，地理、气候以及品种资源丰富，可供选择建立有机果园的理想地点较多。

31. 什么是有机苹果的转换期？

按照有机果品的生产标准开始管理至产品获得有机认证这个期间叫转换期。苹果的转换期不少于 36 个月，新开荒的、长期撂荒的、长期按传统农业方式耕种的或有充分证据证明多年未使用禁用物质的农田，应经过至少 12 个月的转换期。

32. 有机果品的园址有何要求？

有机果品基地的地理位置要远离城市、主干公路，生态环境、气候条件好，5km 内没有污染源，符合国家标准《环境空气质量标准》（GB 3095—1996）中的二级标准。应有良好的土壤管理及水土保持体系、水质优良且供水方便的地方。附近及上游水源不能有对果园构成污染威胁的污染源，灌溉水符合国家标准《农田灌溉水质标准》（GB 5084—1992）的规定，不含汞、铅、氯化物、氟化物等物质。

土壤有机质含量要达到 1.5% 以上，而且通气、保水、保肥能力强，无有害重金属及农药残留，无白色污染，符合国家标准《土壤环境质量标准》（GB 15618—1995）中的二级标准。结果树的果园需要 3 年的转型期。转型期间应在检验机构指导下，严格实施有机果品栽培关键技术，在有机农业技术体系的框架内进行技术操作。新植果园要在前两年进行改良和净化土壤，达到有机果品生产要求的环境条件。

33. 有机苹果生产对苗木有何要求？

苗木来自认证的有机生产系统的无病毒（脱毒）苗木，如使用未经禁用物质处理过的常规种苗，要经过认证机构认可并尽早制订计划，通过建立有机种源培育基地或采取其他措施以满足有机认证标准的要求。苗木必须符合国家标准《苹果苗木》（GB 9847—2003），来自自然界，禁止使用任何转基因品种或者带有转基因成分的苗木。

34. 生产有机苹果的肥料有何要求？

有机栽培果树肥料主要来自有机苹果生产基地或有机农场（或畜场），有特殊的养分需要时，经认证机构许可可购入农场外的肥料，常用的有机肥料有堆肥、厩肥、棉籽粉、酵素菌生物有机肥等。施肥前应对其重金属含量或其他污染因子进行检测评估，不得施用化学合成肥料、工业下脚料和城市污水、污泥（物）等。

35. 有机苹果园常用的农药种类有哪些？

石硫合剂、波尔多液、木醋液、食醋液、硫悬浮剂、中草药、植物源和微生物源杀虫剂。

36. 石硫合剂怎么配制？

石硫合剂药剂配比为生石灰：硫黄粉：水 =1:2:10。配制时，先把生石灰放在容器内，用少许温水化开，然后加足水量，烧开后滤出渣子，再把事先用少量热水调制好的硫黄糊自锅边慢慢倒入，同时进行搅拌，并记下水位线，然后加火熬煮，煮 30 ～ 60 分钟，用热水补充蒸发的水分，看药液由淡黄色变成深褐色，就可以停火。用粗布过滤，就得到澄清的褐色原液。冷却以后，用波美比重计测它的浓度，一般熬制可以得到波美度为 22 ～ 24 的原液，用时需要加水稀释。稀释倍数计算公式：加水稀释倍数 =（原波美度 - 需稀释的波美度）/ 需稀释的波美度。

37. 波尔多液怎么配制？

常用的波尔多液比例有等量式（硫酸铜：生石灰 =1:1）、倍量式（1:2）、半量式（1:0.5）和多量式 [1:（3 ～ 5）]，用水一般为 160 ～ 240 倍。配制时按用水量一半溶化生石灰，待完全溶化后，再将两者同时缓慢倒入备用的容器中，不断搅拌。也可用 10% ～ 20% 的水溶化生石灰，80% ～ 90% 的水溶化硫酸铜，待其完全溶化后，将硫酸铜溶液缓慢倒入石灰乳中，边倒边搅拌即成，切不可将石灰乳倒入硫酸铜溶液中，否则质量不好，防效较差。

38. 无公害、绿色以及有机果品有何不同？

这三类果品像一个金字塔，塔基是无公害果品，中间是绿色果品，塔尖是有机果品。越往上标准要求越高。

无公害果品的生产有严格的标准和程序，主要包括环境质量标准、生产技术标准和产品质量检验标准，经考察、测试和评定，符合标准的方可称为无公害果品。其质量标准：第一，安全。不含对人体有毒、有害物质，或者将有害物质控制在安全标准以下，对人体不产生任何危害。第二，卫生。农药残留、亚硝酸盐含量、"三废"（废水、废气、废渣）等有害物质不超标，生产中禁用高毒农药，限制使用中等毒性农药，允许使用低毒农药，合理施用化肥。第三，优质。内在品质好。第四，营养成分高。严格地说，一般果品都应达到无公害果品标准的要求。

绿色果品必须同时具备以下条件：果品或果品原产地必须符合绿色食品生态环境质量标准；果品的生产及加工必须符合绿色食品的生产操作规程；果品必须符合绿色食品质量和卫生标准；果品外包装必须符合国家食品标签通用标准，符合绿色食品特定的包装、装潢和标签规定。

A 级绿色果品是指产地生态环境质量符合规定标准，生产过程中允许限量使用一些安全的农药、化肥、生长调节剂，禁止使用硝态氮肥。

AA 级绿色果品是指产地在生态环境质量符合规定标准，在生产过程中不使用任何化学合成的肥料、农药、兽药、饲料添加剂、食品添加剂和其他有害于环境和人体健康的物质。

有机果生产要求：种子或种苗来源于自然界，且未经基因工程技术改造过；在生产加工过程中禁止使用农药、化肥、激素等人工合成物质，并且不允许使用基因工程技术；作物秸秆、畜禽粪肥、豆科作物、绿肥和有机废弃物是土壤肥力的主要来源；作物轮作以及各种物理、生物和生态措施是控制杂草和病虫害的主要手段。考虑到某些物质在环境中会残留一定时间，有机果品在土地生产转型方面有严格规定，土地从生产其他果品到生产有机果品需要 2～3 年的转换期。有机果品在数量上须进行严格控制，要求定地块、定产量，其他果品没有如此严格的要求。有机果品是来源于生态良好的有机农业生产体系的果品，是营养丰富、高品质、环保、健康的生态型食品。有机果品通常需要符合 4 个条件：①必须来自有机果品生产体系（又称有机果品生产基地），或是采用有机方式采集的野生天然果品；②整个生产过程中必须严格遵循有机果品的加工、包装、贮藏、运输等要求；③生产者在有机果品的生产和流通过程中，有完善的跟踪审查体系和完整的生产、销售的档案记录；④必须通过独立的有机食品认证机构的认证审查。

三、我国苹果品种的发展趋势及品种特性

1. 当今世界苹果品种发展的趋势是什么？

目前世界上适合生产栽培的苹果品种 1 000 余个，广泛栽培的品种有 100 多个。富士系、元帅系、金冠系、嘎拉系、澳洲青苹、乔纳金、粉红女士、布瑞本等是世界主要栽培品种，其产量占世界苹果总产的一半以上。近年来，苹果品种面积扩大最快的品种是富士和嘎拉；增幅最大的新品种是粉红女士、布瑞本等。

2. 我国目前苹果品种结构是什么？

我国的苹果品种结构不够合理，据统计，中晚熟和晚熟品种的种植面积占总种植面积的 85% 以上，其中红富士占的比例太高，约占 70%，而早熟和中熟品种不足 15%。近年来，在新发展果园中仍以红富士晚熟品种为主，同时嘎拉、美国八号等为代表的早熟、中熟品种比例逐渐增多。

不同苹果产区的种植比例不尽相同，渤海湾和西北黄土高原这两个优势产区以红富士为代表的晚熟、中晚熟品种种植比例超过 90%，而早熟、中熟品种的比例不足 10%。黄河故道产区比较适合种植早熟、中熟品种，但也不足 20%。

3. 我国目前晚熟苹果优新品种有哪些？

通过从国外引进和自主选育，目前富士系共有十几种，生产上常用的有神富 6 号、福岛短枝、烟富 1 号、烟富 2 号、烟富 3 号、烟富 8 号、新红将军、昌红、宫藤富士、礼富 1 号、寒富、华红、粉红女士等。

4. 神富 6 号的品种特性有哪些？

神富 6 号（见彩图 1）是烟台现代果业发展有限公司从长富 2 号芽变中选育，2017 年通过山东省林业厅审定，同年获农业部品种登记。为短枝型品种，平均节间长度 2.1cm；萌芽率高，成枝力强，易成花，早果、丰产；叶片肥厚、浓绿，抗病性强；平均单果重 245.5g；果形指数平均 0.85；易着色，果面光洁艳丽，果点稀小；果肉肉质致密细脆，汁液丰富，酸甜爽口，果肉硬度 8.5 kg/cm²，可溶性固形物含量 15.2%，耐储运。烟台地区 10 月下旬成熟。

5. 福岛短枝的品种特性有哪些？

福岛短枝是短枝富士中的典型代表，1984 年由日本福岛县果树试验场引入我国。果实圆形，果形指数 0.85，平均单果重 230g。果梗粗壮，果皮薄，光滑，蜡质和果粉较多。果点中大，稀而明显，果面片红；肉质脆，致密多汁，酸甜适口，稍有芳香；可溶性固形物含量为 15.6%，可滴定酸含量为 0.40%。果实耐贮藏。

6. 烟富 1 号的品种特性有哪些？

长富 2 号芽变选出。果实近圆形（见彩图 2），高桩端正，平均单果重 250g，大小均匀。果形指数 0.88～0.91，果实片红，易着色，色泽艳丽；果肉淡黄色；肉质清脆爽口，多汁，味甜，可溶性固形物含量 15.4%。

7. 烟富 2 号的品种特性有哪些？

长富 2 号芽变选出。果形圆至近长圆形（见彩图 3），果形指数 0.85～0.89，果肉淡黄色，肉质爽脆，汁液多，风味香甜，可溶性固形物含量 15.1%～15.3%。果面片红，色泽浓红艳丽。

8. 烟富 3 号的品种特性有哪些？

果实大型（见彩图 4），平均单果重 300g，果形圆至近长圆形，果形指数 0.86～0.89，果实片红，易着色，浓红艳丽。果肉淡黄色，质密脆甜，可溶性固形物含量 14.8%～15.4%，风味佳。

9. 烟富 8 号的品种特性有哪些?

烟富 8 号(神富 1 号)(见彩图 5)是烟台现代果业科学研究院在烟台开发区大季家烟富 3 号苹果园中发现浓红芽变,2012 年通过鉴定,2013 年 11 月审定。该品种有 6 大特点:

1)生长健壮,易成花,萌芽率高,成枝力强,以短果枝结果为主,也有腋花芽结果能力。矮砧、乔砧栽后 3 年和 4 年挂果,栽后 4 年和 5 年丰产。

2)坐果好,连续结果能力强。对授粉树无严格要求,花序坐果率可达 80% 以上,果台枝连续结果能力强(45.7%),丰产性好于烟富 3 号,较稳产。

3)果大、高桩。平均单果重 315g,比烟富 3 号重 10g 左右,果形高桩,果形指数 0.9 左右。

4)上色快、表光好。摘袋后上色快(比烟富 3 号早 5 天),果面色泽艳丽,初为条红,后转为片红,全红果率可达 81%。在不铺反光膜的条件下,树冠内外、上下的果实均可充分上色(含萼洼部分)。

5)果实内在品质好。果肉淡黄色,爽脆多汁,肉细,味甜,微酸,适口性好。去皮硬度 9.2kg/cm^2,可溶性固形物含量 14.2% ~ 16.6%,比长富 2 号高 1.5%,比烟富 3 号高 0.7%,风味好,品质优。果实生长期 150 ~ 180 天。

6)适应性强。在烟台各县市、区生长表现良好,适栽区较广。

10. 新红将军的品种特性有哪些?

山东省果茶站选育。果实近圆形(见彩图 6),果个大,平均单果重 235g,果形较端正,果实整齐度好,商品果率高。果面光洁、无锈,底色黄绿,蜡质中多,被鲜红色彩霞或全面鲜红色条纹,着色明显好于红将军。果肉黄白色,肉质细脆爽口,果肉硬度 9.6kg/cm^2,汁多,可溶性固形物含量 15.0%,风味酸甜,稍有香气,品质上等,耐贮运。

11. 昌红的品种特性有哪些?

河北省农林科学院昌黎果树研究所选出,岩富 10 的浓红型芽变。与岩富 10 相比,果实鲜红,艳丽,全面着色,光洁,美观,果形端正,高桩(见彩图 7)。果形指数 0.86;果实个大,平均单果重 270g。可溶性固形物含量 15% ~ 17%,

可滴定酸含量 0.46%。果实采后去皮硬度 8.4kg/cm²。口味酸甜适口，品质上等。9 月底至 10 月下旬均可采收，采收期长达 40 天。耐贮藏，贮藏期 180 天。

12. 宫藤富士的品种特性有哪些?

1980 年引入北京昌平。果实近圆形（见彩图 8），大型果，果肉淡黄色，肉质细、脆、致密，果汁多，可溶性固形物含量 14.5%～15.0%。果实全面着色，浓红鲜艳。

13. 礼富 1 号的品种特性有哪些?

由陕西省礼泉县选出，又称礼泉短富。果实短圆锥形（见彩图 9），果形指数 0.88，平均单果重 270g。底色黄绿，片红。果皮光滑，蜡质层厚，无锈。果肉细脆，酸甜适口。可溶性固形物含量 17.4%，可滴定酸含量 0.45%，品质上等。

14. 寒富的品种特性有哪些?

寒富是沈阳农业大学以东光 × 富士杂交选育的抗寒苹果新品种。果实短圆锥形，果形端正，果个特大，色鲜红。果肉淡黄色，肉质酥脆多汁，风味甜酸，有香气。品质中等。可溶性固形物含量 15.2%。抗寒性极强，可在年均气温 7.6℃、1 月平均气温 -12.5℃、绝对低温 -32.7℃地区栽培，在自然条件下安全越冬。寒富还具有早结果、早丰产、抗风、抗旱、抗病虫等优良特性，并具有显著的短枝性状，适宜进行矮化密植（见彩图 10）。

15. 华红的品种特性有哪些?

中国农业科学院果树研究所以金冠为母本、惠为父本杂交育成的中晚熟、耐贮、大果、红色的鲜食加工兼用苹果新品种。果实长圆形，高桩；果个中大，平均单果重 250g；果皮底色黄绿（见彩图 11）。5 年生华红结果状被鲜红色彩霞或全面鲜红色及不甚显著条纹；果面光滑，蜡质较厚，果点小，外观颇艳丽；果肉淡黄色，肉质松脆，汁液多，风味酸甜适度，有香气，品质极佳。果实硬度 6.7kg/cm²，可溶性固形物含量为 15.5%，总酸含量为 0.48%，维生素 C 含量为 8.97mg/100g。果实在辽宁兴城 8 月中旬开始着色，10 月上旬成熟。

树体抗寒性强，抗枝干轮纹病能力强；适应性广，宜在辽宁、甘肃、山西、河北等较冷凉及高海拔苹果产区栽种。采前不易落果，丰产稳产。

16. 粉红女士的品种特性有哪些？

澳大利亚品种，由 John Cripps 在西澳大利亚州 Stoneville 试验站选育。1973 年用 Lady Williams 和金冠杂交，1995 年引入中国。

果实性状：果实近圆柱形，平均单果重 200g，最大 306g。果形端正，高桩，果形指数为 0.94。果实底色绿黄，着全面粉红色或鲜红色，色泽艳丽，果面洁净，无果锈。果点中大，中密，平，白，有晕圈。果梗中长、粗，梗洼中深，中广。萼片直立，紧闭，萼洼深，中广，果心小。果肉乳白色，脆硬，硬度 9.16kg/cm²，汁中多，有香气，可溶性固形物含量 16.65%，总糖 12.34%，可滴定酸 0.65%，维生素 C 含量 84.16mg/100g。耐贮，室温可贮藏至翌年 4 ～ 5 月。

树势强，树姿较开张，树冠圆头形，干性中强，萌芽率高，成枝力强。在陕西渭北地区 3 月下旬萌芽，4 月上旬开花，10 月下旬至 11 月上旬果实成熟，果实生育期 200 天左右，12 月上中旬落叶。

17. 我国目前中熟、中晚熟苹果优新品种有哪些？

近几年比较热门的中熟、中晚熟优新品种有嘎拉系的品种（皇家嘎拉和丽嘎拉）、元帅系品种（天汪 1 号、康拜尔首红、阿斯、超红等）、蜜脆、皮诺洼、秦阳、华硕等。

18. 嘎拉的品种特性有哪些？

新西兰选育的品种，20 世纪 70 年代中期已成为国际上主栽的中熟品种，也是国际贸易量较大的品种。嘎拉品种有皇家嘎拉（见彩图 12）、丽嘎拉等芽变。其中皇家嘎拉是芽变系中各国主要推广的品系，着色程度较嘎拉好。果实中等大，单果重 150g，近圆形或圆锥形，较整齐一致；底色黄，可全面着红色，具较深条纹；果肉乳黄色，肉质松脆，汁中多，酸甜味浓，品质上等。在冷藏条件下，果实可贮藏数月。

我国于 20 世纪 80 年代初期引入，已成为主要的中熟栽培品种。在郑州果实 8 月上中旬成熟。植株长势中庸，枝条开张，易管理，结果早，连年丰产。

19. 天汪 1 号的品种特性有哪些？

天汪 1 号由甘肃省天水市果树研究所选育的，是红星短枝型浓片红株变（元帅系第三代）品种。

该品种果实圆锥形，端正而高桩，果形指数 0.92 ～ 0.98，果顶五棱突起明显；平均单果重 200g 左右；果面底色黄绿，果实全部鲜红或浓红，色相片红，光泽鲜艳美观，着满色早于新红星和首红；果肉细嫩多汁，风味香甜，可溶性固形物含量 11.9% ～ 14.1%，可滴定酸含量 0.21%，品质上等（见彩图 13）。果实发育期 148 ～ 155 天。适宜山地果园（海拔 1 300 ～ 1 600m）栽培，栽培要点同新红星等短枝型元帅系品种。

20. 康拜尔首红的品种特性有哪些？

原产美国，为新红星浓条红型枝变（元帅系第四代）品种，当今美国主栽品种。1981 年我国从美国引进。

该品种树体紧凑、健壮，短枝性状明显，短枝率在 90% 以上。果实圆锥形，端正而高桩，果形指数 0.91 ～ 0.97，果顶五棱突起明显；平均单果重 230g 左右；果面全部鲜红或浓红，色相条红，多断续宽条纹，果面光洁艳丽；可溶性固形物含量 11.9% ～ 12.2%，可滴定酸含量 0.36%，品质上等（见彩图 14）。果实发育期 143 ～ 150 天，比新红星早 7 天左右。果实耐贮性好于元帅系其他品种。

21. 阿斯的品种特性有哪些？

原产美国，为俄勒冈矮红枝变（元帅系第五代）品种，1988 年引进我国。该种树体生长健壮，树姿开张，属标准短枝型品种。

果实圆锥形，端正高桩，果顶五棱突起明显；平均单果重 230g 左右；果面浓红或紫红，色泽艳丽，果肉乳白，肉质松脆多汁，风味香甜，品质上等（见彩图 15）。果实发育期 145 ～ 150 天。该品种早果性、丰产性均强，并具有修复日灼再着色和抗御晚霜的特点。

22. 超红的品种特性有哪些?

美国品种,为红星的芽变,果实圆锥形,单果重约180g,果顶五棱突出;底色黄绿,全面浓红,色相片红;果面蜡质多,果点小,果皮较厚韧;果肉绿白色,贮后转为乳白色,肉质脆,汁多,风味酸甜;有香气,可溶性固形物含量12%左右,品质上等(见彩图16)。

23. 蜜脆的品种特性有哪些?

蜜脆是美国杂交选育的苹果新品种,1991年发表并命名。该品种的主要特性是树势中庸、强健,树姿较开张。果实圆锥形,果形指数0.88,平均单果重310～330g,最大500g;果点小、密,果皮薄,光滑有光泽,有蜡质,果实底色黄色,果面着鲜红色条纹,成熟后果面全红,色泽艳丽;果肉乳白色,微酸,甜酸可口,有蜂蜜味,质地极脆但不硬,汁液特多,香气浓郁,口感特别好。采收时果实去皮硬度为9.2kg/cm^2,可溶性固形物含量15.03%,总糖13.1%,可滴定酸含量0.41%,维生素C 36.3mg/100g。在陕西渭北果实成熟期为8月下旬至9月上旬。

24. 皮诺洼的品种特性有哪些?

皮诺洼(Pinova)是德国培尔尼特苹果育种项目培育的苹果新品种。果实圆形,表面光滑,皮孔稀、小,不明显,底色黄绿,着鲜红色条纹,着色面达90%,果实形正,果个中大,平均单果重220g,果形指数为0.82;果肉黄白色,甜酸适口,果皮薄,肉质脆,汁液多,香味浓郁;可溶性固形物含量13%,果肉硬度9.12kg/cm^2。9月下旬果实成熟,耐贮运。

25. 秦阳的品种特性有哪些?

由西北农林科技大学育成。来源于皇家嘎拉自然杂交实生苗。果实近圆形,果形端正,平均单果重190g,果形指数0.86。果皮底色黄绿色,果面着红色条纹,充分成熟时全面呈鲜红色,色泽艳丽。果面光洁无锈,果粉薄,蜡质厚,有光泽。果点中大,中多,白色。果梗长、中粗,梗洼中广、中深,萼洼浅广。果肉黄白色，肉质细脆，汁液中多，风味甜，有香气。可溶性固形物含量12.2%，总糖含量11.22%，可滴定酸含量0.38%，果肉硬度8.32kg/cm^2。果实成熟期比美国八号早2周左右，比藤牧1号晚1周。果实室温条件下可贮藏10～15天。

26. 华硕的品种特性有哪些?

中国农业科学院郑州果树研究所以美国八号与华冠杂交培育而成，2009年通过河南省林木良种品种审定。

果实近圆形，稍高桩；平均单果重240g。果实底色绿黄，果面着鲜红色，着色面积达70%，个别果实可达全红。果肉黄白色；肉质中细，松脆。采收时果实去皮硬度10.1kg/cm^2；汁液多，可溶性固形物含量13.1%，可滴定酸含量0.34%，风味酸甜适口，浓郁，有芳香；品质上等。果实在普通室温下可贮藏20天，冷藏条件下可贮藏3个月。

果个、颜色不亚于美国八号，但果实肉质比美国八号细，风味比美国八号浓，而且果实贮藏性优于美国八号；成熟期比美国八号晚10天左右，与嘎拉接近，但果个远比嘎拉大；果实品质不亚于嘎拉。可与嘎拉同期上市。丰产稳产。

27. 我国目前早熟苹果优新品种有哪些?

苹果早熟品种在我国种植比例相对较小，生产上常见的品种有藤木一号、珊夏等。

28. 藤木一号的品种特性有哪些?

原产美国，亲本不详。早果性和丰产性好，成熟期对抢占市场具有较大潜力，是一个优良的早熟苹果品种。果实长圆形或圆形，平均单果重215g，果实底色黄绿，果面大部分有红霞和宽条纹，充分着色能达到全红；果面光滑，蜡质较多，有果粉，果肉黄白色，肉质松脆，汁较多，风味偏酸甜，有香气，可溶性固形物含量11.2%～12.6%，果肉硬度7.7kg/cm^2。品质上等。我国中部地区7月10～15日果实成熟。

该品种的突出优点是树势强壮，容易成花，丰产性状好。缺点是成熟期不一，果实易发绵，不耐贮藏。

29. 珊夏的品种特性有哪些？

日本选育的苹果品种。果实中大，平均单果重 190g，最大 270g 以上。短圆锥形，果面平滑，底色绿黄，着鲜红晕，果点稀而小。蜡质中等，常有片锈，萼洼较窄。果肉淡黄色，肉质脆，中细，酸甜适中，风味较津轻浓，有香味，可溶性固形物含量 12.5%，果肉硬度 6.8kg/cm^2，品质上等。辽宁兴城地区 7 月底果实成熟，比藤木一号晚熟 10～15 天，比嘎拉早熟 10～15 天。树势中庸，树姿较开张，丰产且适应性强，是很受重视的优良品种。

30. 目前我国生产上常用的苹果优新砧木类型有哪些？

苹果矮化密植栽培是世界苹果发展的主流，具有结果早、产量高、品质优、省工、高效等优点，也是我国未来苹果产业发展的必然趋势，我国现有的矮化栽培面积不足 15%，发展较缓慢。目前国家苹果产业技术体系已经制定出苹果矮砧集约栽培模式技术规范，划定了矮化栽培的适宜区域和适宜矮砧品种，这些矮化砧木品种主要包括 SH 系的 SH1、SH6、SH40，M 系的 M26 和 M9，GM256，T337 等。

31. SH 系砧木类型特性有哪些？

SH 系砧木是山西省果树研究所采用杂交方式（亲本为国光×河南海棠）选育而成。是半矮化砧木，一般可作为中间砧使用，每亩可栽植 80～110 株；易成花，开花结果早；早期丰产性强；果实品质优异；与富士、嘎拉嫁接表现了良好的亲和性，基本无大小脚现象；抗逆性强、适应性广，具有较强的耐寒、耐旱、抗抽条和抗倒伏能力。可在我国大部分苹果产区栽培，尤其适宜华北和西北黄土高原地区发展。SH 系的缺点是不耐盐碱，易黄化。

SH 系苹果矮化砧木在山西、北京、河北、新疆、河南、陕西、甘肃等多个省市区栽培 50 余万亩。SH 系有 40 个品种，但生产中只有 SH1、SH6、SH40 应用较多。

32. M 系砧木类型特性有哪些？

M9：原名黄色梅兹乐园，属矮化砧木。干性较弱，呈丛状生长。在辽宁兴城地区 10 年生自根树仅高 1.0m，树冠直径 1.2m。压条生根力差，繁殖率较低，和一般的品种嫁接亲和性较好，木质脆，有折干和倒伏现象；嫁接后早期产量和有效产量高，其着色好，风味佳，含糖量明显提高；作为自根砧有"大脚"现象，作为中间砧有"粗腰"现象；根系浅，固地性差，不抗旱，也不抗涝，不抗寒。近几年，在河南、山东等省栽培较多。

M26：英国东茂林试验站用 M9×M16 杂交育成。植株为小灌木。自根树在辽宁兴城地区，10 年生树高 1.2m，冠径 1.5m。生长势较旺，属于半矮化砧木。压条育苗生根容易，繁殖系数较高。根蘖少，可用硬枝扦插。嫁接品种后产量、树势、固地性均优于 M9 中间砧；自根砧嫁接树有"大脚"现象；中间砧有"粗腰"现象。与富士、元帅系、金冠等品种亲和良好；抗寒性强于 M9。在我国陕西中部和南部、山东、河南、甘肃、河北等省份有大面积栽培，是我国目前应用最多、范围最广的砧木。在陕西、江苏北部用 M26 自根砧，其余地区用作矮化中间砧。

33. GM256 砧木类型特性有哪些？

吉林省农业科学院果树研究所以海棠果与 M 系杂交育成。其最突出的特点是抗寒性强，可抗 -40℃低温，适应性广；属于半矮化砧木，7 年生树高 1.6m，枝干粗壮，节间短，作为矮化中间砧嫁接品种后，树高达到同条件下乔化的 60% ～ 80%；GM256 与山荆子等基砧和金红、寒富、华红等品种嫁接亲和性好，嫁接成活率高；中间砧茎段有"大脚"现象；嫁接品种后，早果，丰产，着色好，糖分含量提高。但压条繁殖比较困难。

34. T337 砧木类型特性有哪些？

T337 是 M9 中选育出的优系，干性强，易成花，丰产性好，特别适宜发展高密度的高纺锤形，在我国河南、陕西和山东的部分地区有栽培，常作为自根砧应用。

四、苹果优质、安全、速丰、高效生产的途径与措施

1. 新建果园应采用什么样的栽植密度?

为了满足现代及未来产业发展的需求,提倡宽行密植,这样成园后行间不搭接,留有一定的作业道,通风透光好,施肥、打药、套袋等作业方便,而且一些小型的园艺机械能正常使用。一般地,乔砧苹果平地建园要求株行距 3m×5m,山地株行距 3m×4m,矮化中间砧苗建园株行距(2~3)m×(3~5)m 为宜。

图 1　意大利矮砧密植幼树果园

图 2　意大利高密度果园

2. 新建果园应采取什么样的栽植方式？

栽植方式要以充分利用土地和光能，提高单位面积产量和品质，适应当地立地条件，便于机械化管理为原则。生产上常见的有长方形、正方形和三角形等栽植方式，其中长方形栽植效果较好，这种行距大、株距小的方式，通风透光良好，果实着色好、品质优，便于管理，适于机械化作业。栽植时，平地果园以南北为行向，树冠的东、西两面受光均匀，且比东西行树冠多吸收直射光。坡度较小的缓坡可依地势自然走向，只要拖拉机等中小型机械能操作，即可不建梯田。而坡度较大的果园则先建好梯田，以梯田的自然走向或沿等高线栽植。

3. 建园时，什么时间定植苗木最为适宜？

定植时期要根据苹果树生物学特性和当地气候特点，一般分为春栽和秋栽两种，春季定植以2～3月为宜，冬季寒冷干旱地区要采用春季定植，在苗木未萌动的前提下适当晚栽，有利于成活，可延迟到4月中旬。秋栽时间以10月中下旬至11月中下旬为佳，栽植过早或偏晚均不利于苗木成活。

4. 如何选用优质苗木？

图3　1级苗木

1级苗木专用授粉树苗木质量的好坏直接影响定植成活率和建园后的长势和整齐度，应尽可能选择技术标准规格高的苗木，根据《苹果苗木》（GB 9847—2003）中的规定，应选取一级和二级苗木，即无病虫害、生长健壮、根系发达，苗木高度在100cm以上，侧根5～6条，整形带饱满芽数8个以上，苗木嫁接口以上5cm处直径达1.0cm以上。这样的苗木才符合高标准建园的要求。

5. 如何正确配置授粉树?

授粉树的配置必须选择花期与主栽品种大体一致、授粉亲和力强、花粉质量好、花粉量大、经济性状较好、可以与主栽品种相互授粉的品种。如果主栽品种是三倍体,如乔纳金等,则需配置2～3个授粉品种。一般主栽品种与授粉树的比例为(5～8):1,可按每3～4行栽1行授粉树。

在冬季不太寒冷的产区,如西北黄土高原、黄河故道、山东、河北等产区也可以采用专用授粉品种。早熟品种如珊夏、嘎拉、藤木一号等,可选凯尔斯

图4 配置专用授粉树

和火焰授粉;中熟品种如元帅、金冠、乔纳金、红将军等,可选绚丽、红丽授粉;晚熟品种如红富士、粉红女士等,可选雪球和红绣球做授粉树。苹果专用授粉树一般可按(15～20):1的比例配置。授粉树应该被定植在主栽品种的株间或行间,在较大型果园(2～3.5hm²)中配置授粉树时,可以在路边以及每行的两头配置专用授粉树。在大型果园(3.5hm²以上)应当沿着小区的长边方向,按行列式大量栽植,通常3～4行主栽品种配置1行授粉品种。

6. 如何正确挖定植沟(穴)?

园地规划好之后,即可按照事先放线打点的位置挖定植穴,可以采用人工挖长60cm、深60cm的正方形定植穴,也可以使用挖坑机挖定植沟,圆形,直径80cm,深60cm,土层深厚地区可深达80cm;效率最高的是小型钩机,每穴只需挖2～3下,穴深60～80cm,宽80cm,长80cm。如果是矮化密植栽培可以挖定植沟,沟深60～80cm,宽60cm,也用钩机完成。定植穴或沟挖掘时要将表土和新土分开放置,回填时将表土混合秸秆、稻草等有机物料填入坑底部,之后将腐熟的农家肥或有机肥和表土混匀后填入,新土可以不填入。 定植沟或穴要在前一年秋季完成,并灌透水,沉实。

图5 挖坑机挖定植沟

7.矮砧果园如何架设支架?

矮化自根砧苗木多是由矮化砧木经压条繁殖后直接嫁接品种而成,其根系缺少主根,分布较浅,固地性差。因此采用矮化自根砧苗木建园必须设立支架,以防止结果后树冠偏斜,易被风吹劈裂。我国矮化栽培大多应用矮化中间砧苗木建园,固定性好于矮化自根砧苗木,但在风较大的地区也应该设立支架。设立支架时,可顺行向埋设水泥杆或热镀锌管,水泥杆高 3.5～4.0m,粗 10cm×10cm,间隔一般为 10～15m,在距离地面 0.8m、1.6m、2.4m 和 3.2m 处各拉一道直径 2.2mm 钢丝。幼树期可在每株树旁立一根临时竹竿扶植中干。

8.为什么要起垄栽培? 如何正确起垄?

对于地势低洼、土壤黏重的地块,应起垄限根,以提高地温,有利于排水,改善土壤通透性,促进根系良好发育和开花结果。山东肥城起垄滴灌栽植前先将垄台起好,把农家肥均匀撒施到地面,每亩 5m³,再将土壤旋耕 2 遍,使土与农家肥充分混合,按照行距将表土堆砌成垄,垄台高 40cm,上台宽 60～80cm,下台宽 100～120cm。栽树时,直接将苗木栽在垄台上,栽后再修筑整齐。起垄栽培的果园需要安装滴灌、渗灌等微喷设施,不能大水漫灌。

图6　山东肥城起垄滴灌

9. 定植前要对苗木做哪些准备？

（1）苗木简单分级　苗木栽植前按照大小简单分成1、2、3级，将1级苗栽植在一起，2级苗栽植在一起，苗木充裕的情况下，3级苗木可以作为预备苗临时栽植。

图7　苗木分级

（2）根系修剪和浸水　定植前一天，将分级后的苗木根系进行简单修剪，目的是将骨干根端剪成平滑剪口，有利于根系充分吸水，也促进发根。尤其是前一年秋季出圃的苗木，还要将过长的、干死的须根减掉。根系剪完后立即将苗木捆成捆，浸入水中，要求整株苗木全部浸入。水质要清洁，最好是流动水。浸水时间一般为定植前 10 ～ 24 小时，时间过短，苗木吸水不充分；时间过长则苗木缺氧窒息。

图8　根系修剪

图9　根系浸泡碧护

（3）蘸生长调节剂　为了促进苗木生根，栽植前，用碧护 20 000 倍液蘸根半小时，也可以用其他生根粉速蘸，促进发根。但是一定不能使药液接触到枝干或芽子，会抑制芽子萌发。

（4）树干喷药　蘸根之后，用多菌灵 800 倍液细致喷施树干，之后定植。这样对枝干轮纹病的防治有一定的防治效果。

10. 如何正确栽植苗木？

　　栽植时，在回填后的定植坑表面挖一浅坑，直径根据苗木根系的大小而定，深 15 ～ 20cm，将苗木竖直放入定植坑中，嫁接口高度和地面向平，根系尽量舒展开，不能弯折。然后填一层表土将根系包围，用脚踩实，继续填土踩实。踩土时要用手扶住苗木向上轻提，边提边踩，

图10　拉线栽树法

这样根系能向下舒展，不会向上弯折，影响发根。填土踩实完成后，嫁接口略高于地面，浇水下沉后和地面平齐，并修好灌水圈，准备灌水。

图11　苗木定植

11. 新建果园如何正确灌水？

　　新建果园的水分管理非常重要，直接影响建园的成活率、整齐度及后期

44

苗木的生长发育。首先，在挖坑回填时要灌透水，最好是秋季整地挖坑，经过一个冬天雪水的灌溉，春季土壤墒情比较好。如果是春季挖坑，则回填土后一定要灌一次透水，保持墒情。其次，苗木定植后立即灌透水，第二天，水下渗后，填一层疏松干土，树盘整理平整，覆膜。薄膜一般用黑膜，宽1.2m，覆膜前先定干，由两个人手持黑膜，扯成约1.2m见方的形状，自上而下穿过树干，覆于地面。然后将根颈和膜四周用土压实，防止有孔隙。黑膜的作用除了减少水分蒸发，保持土壤湿度外，还能提高地温，促进发根。有条件可在膜下铺设滴管或渗灌设施，提高水分和肥料利用率。

图12　定植后立即灌水

图13　灌水后覆膜

12. 苗木定植后有哪些配套管理技术?

（1）扶干 覆膜之后，需将树干歪斜的苗木扶正，即在树体旁边竖一根竹竿，将树干轻轻绑缚到竹竿上，绑缚不易过紧，以免影响树干生长。

图14 扶干

（2）抹芽 萌芽后，树干上的芽子不能全部保留，需要抹除一部分，使养分集中到保留下来的芽子上。一般地，定干剪口下 25～30cm 为整形带，整形带以下的芽子全部抹除。

图15 抹芽

（3）肥水管理 正常情况下，定植覆膜之后，保持薄膜完整，可以坚持到 6～7 月雨季来临都不必灌水，如遇特殊天气状况，可以根据土壤墒情，适当灌水；如果有滴灌设备可以配合灌水进行施肥；新栽小树的根系还不够发达，要加强营养补给可以通过叶面喷肥的方式，结合药剂防治喷施叶面肥，提高叶片质量，隔 15 天喷一次。

13. 新建果园可以进行间作吗？

新建果园树体还小，行间空隙很大，可以在行间间作一些矮秆作物来增加经济收入，例如花生、大豆等。间作的作物要距离树干至少 50cm，树盘内禁止间作。行间禁止间作玉米等高秆或藤架作物。一旦树体开始陆续进入结果期，则停止行间间作，改成自然生草或覆盖制。

14. 幼树果园的土壤管理制度有哪些？

幼树果园通常采取树盘清耕 + 行间间作或树盘覆盖 + 行间间作模式，考虑到幼树根系比较浅，杂草或作物对果树有一定的养分竞争，所以树盘内一般是清耕。三四年后，果树树冠扩大，冠幅达到 2.5m 以上，行间距变小，不适宜间作，应实行全园自然生草制，即利用自然生长的杂草，高度达到 30cm 时进行刈割，每年刈割 3 ～ 4 次，并将刈割的草覆于树盘内。自然生草既省工节本，又能改善果园微环境、改良土壤，对果园优质、安全、高效生产有很大作用。

图 16　自然生草

图 17　山东招远大面积矮化密植

15. 老果园重新建园如何克服连作障碍？

在老果园新栽苹果后往往出现生长迟缓、叶片变小、根系减少、结果能力下降、病虫害加重等现象。有调查发现，苹果重茬地密植成活率只有40%～60%。这种现象被称作连作障碍或再植病害。产生连作障碍的原因主要是：①土壤有害微生物及根际线虫的积累。重茬再植果园根际往往形成并积累大量有害真菌和细菌，使果树根系感病。线虫危害的特征是根系变形，严重时树干部的形成层出现褐色，芽不萌发而流出褐液，从而引起菌类感染和抗寒力减弱；同时线虫也是果树病毒的传播介体，使再植果树成为病原物寄主，造成病原物大量积累，最终影响生长和产量。②养分匮乏。果树为多年生植物，根系分布深而广，同类果树根系在土壤中吸收的营养成分基本相同，往往造成土壤中某些元素的积累或缺乏，使后作果树生长不良。③毒素积累。老果树的根系在土壤中生命代谢十几年，甚至几十年，根系分泌大量的分泌物，这些物质如根皮苷、根皮素、羟基氢化肉桂酸、根皮酚等是有毒物质，对苹果栽植影响很大。

为了克服连作障碍，主要应从以下几个方面入手：①选用抗性砧木和品种。②深翻客土。但是这种方法用工量很大，果农不易接受。③增施有机肥。在建园时大量施用有机肥，最好是生物有机肥，改善土壤理化环境和微生物活性，改良土壤。④土壤消毒。用多菌灵、甲霜·噁霉灵等药剂进行土壤消毒。⑤轮作或休闲，结合大苗建园法。老果园销毁后可以种植2～3年大豆、花生等作物，可以改善土壤结构、保持土壤肥力。轮作的同时，采用营养钵的方式培育3年生带分枝的大苗。3年以后，直接定植到果园中，不用缓苗，不影响果园的投资进度，对连作障碍有一定的消除作用。此种方法简单可行，更容易被果农接受。

16. 如何繁育大苗？

大苗建园技术是欧美发达国家果园管理中很成熟、很重要的一项工作，目前，在我国还没有生产和销售大苗的制度和专门组织机构，也没有得到大面积推广，但这将是未来我国苹果产业发展的趋势。在此，本书介绍一种简易的育大苗的方法，可供读者参考。选择直径40cm左右的营养钵或细密的编织袋（包装袋），钵深40cm以上，装土30cm深。基质配置：选择健康的园土（不是老果园的土壤）、炉渣、生物有机肥或腐熟农家肥，按3:1:2的比例充分混匀，装入营养钵，并将苗木定植于营养钵中，按株行距（0.6～0.7）m×1m埋到坑槽中，要把编织袋或营养钵全部埋入地下。地面上进行正常的肥水管理、拉枝等工作。第四年春季，大苗育成，去掉营养钵，定植到准备好的果园中。这种方法既能使原有的老果园得到歇地和改良，又不影响新栽幼树的生长发育，见效快，操作简单可行，值得推广。

图18　大苗繁育

图19 大苗繁育

图20 大苗繁育

17. 整形修剪在苹果生产中的作用和地位是什么?

整形修剪是果树栽培管理工作中的一项独特的技术措施,对苹果生产起调节作用,是提早结果和早期丰产,实现长期壮树、丰产、优质和高效所不可缺少的措施。整形修剪作用的充分发挥,必须以加强土肥水综合管理和病虫害综合防治为基础,并与其他栽培管理措施相适应,才能最大限度地发挥其增产作用。但在生产中，许多果农往往过分强调苹果整形修剪，而忽视了其他的栽培管理措施，会出现因肥水供应不足，病虫防治不利，果品产量和质量下降的被动状况，很难发挥修剪的作用，因此，要正确认识整形修剪的作用和地位。

18. 什么是简化修剪？

简化修剪即化繁为简，是相对于传统修剪而言的一种简单易学、操作性强的修剪技术。传统的修剪技术烦琐，费时费工，生产者不易掌握，而且多用短截、回缩等，发枝量大，树冠郁闭，果实品质下降。而简化修剪是在遵循苹果树自身的生长发育规律的基础上，根据果树的年龄而采用适宜的既能减少操作步骤，节约用工，又能达到优质、安全、节本、高效这一目的的技术。

简化修剪主要从以下几个方面进行：①在技术操作上以疏、拉、放为主，基本上摒弃了过去的短截和回缩技术。此外，把修剪重心从冬季修剪转移到生长季修剪，节省用工。②从工作量上减轻，主要是在幼树至初果期（尤其是生长壮旺）树上的修剪，实行轻剪长放多留枝，多留花芽多结果。单位时间内修剪效率大大提高，省工、省力。近年各地对幼树、旺树轻剪缓放，增产效果都很好。③简化树形，树形简化是修剪技术简化的基础。主要从减少主侧枝数量，骨干枝级次、层次和树冠体积入手，如采用各类小冠树形（如主干形、细长纺锤形和高纺锤形、柱形等）。④从品种组成上简化，在大面积生产上采用少数对修剪反应不敏感、易结果、好修剪的品种，以便修剪简而易行，提高工效。如栽培金冠、华红和某些品种的短枝型芽变品系等。⑤从栽培制度上简化，矮砧集约高效栽培已成为世界苹果生产的主流，也是我国未来苹果产业发展的必然趋势，矮砧密植果园根系浅，生长量小，树体矮化，树形简单，品质好，整形修剪简单省工。

19. 生产上采用哪种树形能省工高效？

随着现代生产要求的逐渐提高，果树的树形也在不断地改变，从过去的稀植大冠到如今的矮砧集约高效栽培，树冠由原来的圆头形逐渐变小、变扁，光照好，品质佳，更趋近于标准化、省力化和机械化。目前，我国的乔砧苹果成龄大树多采用小冠疏层形，新建果园大多是细长纺锤形，而矮砧密植立架栽培多是主干形和高纺锤形。

把细长纺锤形、主干形、高纺锤形等这一类具有明显的、有绝对生长优势的中央领导干的树形，统称为有主干形树形，这类树形在构建过程中以拉枝为主，利用开张角度控制树势和冠幅，结果早，品质好，省工高效，是值得推广的树形。

细长纺锤形　　　　　　　　　　细长纺锤形

主干形（或松塔形）　　　　　　　高纺锤形

松塔树形丰产状　　　　　　　　　主干形果园

图21　树形

20. 简化修剪包括哪些关键技术？

简化修剪的核心技术主要包括疏、拉、放三项内容，但是根据苹果不同生育期和物候期，要顺应树体本身的生长发育规律和生产目的而灵活运用。

21. 拉枝的作用是什么?

拉枝是现代苹果生产中整形及促花的主要手段之一。通过开张角度，可以调整枝芽的方位，改善树体通风透光，调节养分和内源激素种类、运输和分配，控制其顶端优势，缓和生长，调整树势，促进成花，而且能充分利用空间，实现立体结果。对苹果早实丰产、提高品质有重要作用。

拉枝角度要根据不同的栽植密度、树形要求等而不同。一般说，栽植密度越大，冠幅越小，拉枝角度越大。拉枝的对象包括骨干枝、辅养枝、枝组、直立徒长枝等，但不论什么样的类型或方位都要求拉枝到位。

图 22　生长季拉枝

22. 骨干枝应如何正确拉枝?

一般说，小冠疏层形基部大主枝开角 60°～70°，上部主枝或辅养枝开角 30°～45°。细长纺锤形基部侧生分枝（即小骨干枝）开角 90°，枝条拉平，中部侧生分枝开角 100°～110°，上部侧生分枝角度 120°。松塔树形比细长纺锤形冠幅还要小，各个侧生分枝角度大，保持 110°～120°。随着树冠的缩小、变细，各主枝、侧生分枝的开角逐渐增大，以抑制过旺的树势，促进成花结果。细长纺锤形等这种有中心干的树形随着树冠高度的增加，侧生分枝角度也逐渐加大，这样才可以保持树冠上下生长平衡。

图23　骨干枝拉枝到位

23. 辅养枝应如何正确拉枝?

　　着生在中心干的层间和主枝上侧枝之间的临时性大枝称为辅养枝。辅养枝一般在基部三主枝疏散分层形、小冠疏层形等大树形中比较常见。辅养枝的作用是辅养树体,均衡树势,补充空间,提早结果,是初果期树的主要结果部位。辅养枝必须注意开张角度,控制生长势力,防止变成强旺竞争枝,扰乱树形。辅养枝的拉枝角度应该大一些,一般为90°或90°以上,树冠成形后如果郁闭可以适当将其疏除。

24. 如何控制枝组的角度?

　　培养单轴、松散、下垂型的结果枝组是实现苹果优质丰产的必要手段,对于骨干枝背上部的或较为直立的枝组，则也应采取拉枝的方式，使其变成下垂型枝组。枝组的拉枝方向，一般不考虑基部开角问题，只需使枝组梢端朝向地面，结果后下垂即可。可以采用石头或重物绑缚在梢端，使其下垂。也可在疏果时适当留果，以果坠枝。

图24　坠枝

25.背上直立徒长枝应如何处理？

主枝拉平以后，背上部位会萌发出一排直立枝，正确的做法是将背上直立枝疏去一部分，保持间距，然后采用拉枝、坠枝的办法，将剩下的枝拉成下垂或尖端朝地，缓势结果。直立徒长枝的拉枝一般不强调基部开角，只需使其下垂。因此，既可以用绳子拉，也可以用重物坠。目前，有的果农使用塑料袋装土坠枝，就地取材，方式灵活，操作简单，省时省工、有一定的实用价值。最近有用钢丝拉枝器拉枝的，比较省工，快捷。

26. 简化修剪中如何正确疏枝？

疏枝就是将枝条从基部彻底剪去。疏枝将对剪口以上部位有一定的削弱作用。疏枝是简化修剪中第二大核心技术，特别是在成龄、郁闭果园应用较多。疏枝的对象包括低位枝、近地枝、竞争枝、重叠枝、轮生枝等二十几种枝。

27. 什么是低位枝、近地枝？应如何疏除？

疏除低位枝又称提干，是目前成龄、郁闭果园控冠改形的主要技术之一。过去的老树形定干过低，结果之后，果实直接垂到地面，影响果实品质和田间作业，因此应逐步疏除。但是提干不要操之过急，不能一步到位，要考虑树势的强弱、产量、

图25　疏除低位枝

地上部和地下部的平衡等问题。基部三主枝疏层形或小冠疏层形等大、中树形中，基部三大主枝体积和产量占全树的1/3以上，甚至达到一半以上，一次性强行改造会对产量造成很大影响，果农不易接受。此外，如果不考虑果树地下、地上平衡，一次性疏除低位大枝过多，则根冠比失调，根系废退、死亡，难以恢复，达不到预期的目的。

因此，提干必须有计划、有步骤地进行，每年疏除0～2个，3～4年基本完成。树势壮、肥水条件好的果园，可以适当多去大枝，2～3年完成，老树、弱树可以先把低位大枝的大侧枝疏除，压缩变小后，逐年疏掉。

28. 怎样正确疏除"把门侧"？

一般情况下，每个基部三主枝上配备2个大的侧枝，这些侧枝留得太近，离地面也较近，密不透风，影响田间管理和果品质量，应酌情疏除，以提高冠基高度。

图26　疏除"把门侧"

29. 怎样正确疏除竞争枝？

无论哪种树形、哪个方位的竞争枝都应适当疏除或加以控制。竞争枝扰乱树形、分散势力、遮阳挡光，难以调控，应彻底疏除。

图27　疏除竞争枝

30. 怎样正确疏除双叉枝、三叉枝和多叉枝（多头领导枝）?

带有树杈的枝，实际也是竞争枝没有及时处理的结果，正常条件下，应尽量保持原来的母枝，把其中的一个竞争枝疏除。三叉枝的修剪同双叉枝类似，保留原来的母枝，逐年疏除一左一右的侧枝。如果对树冠上部的辅养枝、竞争枝处理不当，就会形成3个以上粗细相当、势力均等的领导头，使树冠结构层次不明显，上强下弱，遮光严重。处理多个领导头的原则是尽量保持原来的领导头，逐个疏剪其他的竞争枝。如果领导头太多，也应该逐年疏除多余的领导枝，不要一步到位，或逐年压缩变小，直至疏除。

31. 怎样正确疏除中心干上着生的双生枝、轮生枝?

所谓双生枝是指一个节上或点上萌发的"双胞胎"枝条，一般应在早期就留下一个，疏除另一个。有些树上，竟然存在多年生粗大的双生枝，相互影响枝组的形成，修剪时，可保留一个方位适宜、势力中庸、枝组丰满、花芽较多的枝条，而将另一个疏除。

轮生枝在一些老果园或寒富品种上较为常见，易造成中心干生长势减弱，出现掐脖现象，应适当疏除几个，不要间隔太密。疏除轮生枝应该逐年进行，不能一次性疏除太多，否则伤疤太大，难以愈合。对于寒富这种易出轮生枝的品种，应在春季萌芽时就及时抹掉一部分，节省养分，省时省工。此外，在主干或主枝光秃部位刻芽，补充新梢，打破层性，使枝条分布均匀。

图28　轮生枝

32. 怎样正确疏除密生枝、重叠枝和排骨枝？

图29 疏除密生枝

主枝、侧枝、主干形侧生枝等间距太小，互相遮挡，生长空间小，果实着色差，叶磨和枝磨严重。密生枝应该在早期通过抹芽、疏梢等方法除去。成龄大树如果早期没有控制好，出现密生枝时，要考虑着生方位、花芽多少等因素，间隔疏除，使枝间保持一定间距。在主干形、细长纺锤形等这类树形中，为了保持中心干上各个侧生枝势力均衡，提倡多留主干上的侧生枝。随着树龄的增长，枝干加粗，主干侧生枝间距变小，互相遮挡、重叠，需根据实际情况，适当疏除一部分密生枝。

同方位的骨干枝或侧枝，若间隔较近，叶幕上下互相遮盖，即成为重叠枝。重叠枝在枝条早期就应该疏除一个，保留一个。有许多树上存在多年生的重叠侧枝，甚至重叠的骨干枝，应该保留高度合理、方位适宜、枝势中庸、枝组丰满的侧枝或骨干枝，把另一个疏除。

主枝上的侧枝密生成排，简称排骨枝。排骨枝可以遵循"一二三，去中间"的原则，拉开枝间距。

33. 怎样正确疏除衰弱枝？

图30 疏除衰弱枝

利用弱小枝、衰弱枝结果，是消极的、被动的，即使结果，也处于生长和营养的劣势部位。因此，在修剪时要把衰弱枝疏除，集中养分，培养新枝组，同时加强肥水管理，增强树势。对连年缓放的结果枝组，达到一定年限后，枝轴冗长，结果枝细弱，可以直接疏除，由后继培养的枝组替代。

34. 怎样正确疏除背后枝?

整形早期,骨干枝背下方或背后着生的辅养枝也可以保留,目的是增加结果部位和亩枝量。但是,一旦进入盛果期,这类辅养枝完成结果使命后,应及时疏除,否则,着生在骨干枝背后,遮阳挡光,枝条细弱,难以成花,即使结果,果个也小,着色不良,浪费养分。

35. 怎样正确疏除直立枝、"树上树"?

主枝背上部的直立枝,间隔疏除一部分,拉开距离,其余的可以采用拉枝、变向的手法,培养成下垂型结果枝组,开花结果。对于扰乱树形、遮阳挡光的"树上树"要及时疏除,不要等到变成"大树"时再疏除。

图31 疏除"树上树"

36. 怎样正确疏除交叉枝?

我国当前大多数乔砧密植果园,株间交叉,行间交接,整个果园密不透风,影响光照,田间作业相当困难,亟须进行控冠改形,缩小树冠,留出作业道。对于行间交叉枝,可根据空间大小,两行树整体考虑,互相错位避让,疏掉大主枝前端上翘旺枝,或转主换头,改变方向。一般来说,株间交叉比行间交叉更为严重,也是采取疏除大主枝前端上翘旺枝或竞争侧枝,压缩大主枝,减小冠幅,修剪后,株间交接率应控制在10%以内。

树冠内部的交叉枝，根据位置、成花情况，疏一个，放一个，互相让位，但是基本不采用短截、回缩的方法。

37. 怎样正确疏除病虫枝？

病虫危害严重，治疗后难以恢复的大主枝或侧枝，可以在患处后部选取合适的后备枝转主换头；如果病疤在枝干基部，且面积太大，影响整枝的生长发育，也可以将整枝疏除。细长纺锤形等树形中，主干上的侧生分枝比较多，枝量足够，一旦有腐烂病，可将侧生分枝直接疏除。

38. 怎样正确梳理小枝和中小枝组？

（1）低位贴地枝　近地面的小枝直接疏除。

（2）竞争枝　各个主枝延长头、中心干延长头下第一、第二枝，与延长头枝龄相等，势力相当，若夏剪控制不当，它们就会变成竞争枝，在冬剪时，一定要疏除。有的幼旺树，甚至需要疏除延长头下第三枝。

（3）双叉枝　势力相当的两个小枝或枝组成了双叉枝，修剪时，保留原来的延伸方向，留一个，疏去另一个。

（4）直立枝　主枝或侧枝背上部的直立枝，疏一部分，拉一部分，疏去过密的，拉垂留下的。

（5）双生枝　同一个节或点上萌发出两个小枝，留一个方位适合的、有生长空间的小枝，疏去另一个枝。

（6）轮生枝　处理轮生枝的最好办法是在春季萌芽期，保留主干或主枝延长头的顶芽，并将顶芽周围的一圈芽眼抹除，既省力省工，又不会造成大伤口。如果夏剪没做好，在冬剪时，保留延长头，将其他轮生枝全部疏除。

（7）密生枝　主枝和侧枝上的小枝或枝组，如果间距小，应适当隔三岔五疏除一些。由于小枝数量多，相对于疏除密生大枝而言，可以灵活一点儿，哪里密哪里疏，只要拉开间距即可。

（8）衰弱小枝或枝组　有的果园肥水管理水平不高，负载量大，截缩较多，形成许多细弱的小枝或枝组，叶果比小，枝芽瘦弱，不具备生长优势，难以形成优质花芽。修剪时，要疏除衰弱枝，集中养分抚育壮枝，保证优质、稳产。

（9）**躺卧枝**　有的小枝或枝组顺着骨干枝背上平行躺在上面,称为躺卧枝。躺卧枝生长势力一般,但是对其他枝组影响严重,结果后难以下垂,果实着色不好,品质差,所以要注意疏除。

（10）**肘形枝**　扭梢枝结果后没有及时清除,多年以后,变粗长大,就形成了肘形枝。扭梢是非常有效的促花措施之一,在幼旺树或初果期树上应用较多。树体进入盛果期后,树势缓和,结果部位充足,不需要再利用扭梢来结果。扭梢枝弯曲受伤,运输养分的通道也弯折易阻,结的果子果个不大,品质一般。修剪时,可直接疏除。

（11）**盘龙枝**　骨干枝上的直立徒长枝,为了缓和其生长势,将其缠绕在母枝上,多年以后,树皮相连,长到一起,就成了盘龙枝。盘龙枝影响其他枝条的正常生长发育,修剪时,应将其打开,然后疏除。

（12）**小木橛**　连年短截或回缩形成的小木橛或木桩,应从基部全部疏除。

（13）**病虫枝**　病虫枝危害到小枝或枝组时,不太容易刮治或防治,但是可以随时疏掉,并销毁。

（14）**圈枝**　圈枝是把生长强旺的长枝弯曲成圆圈,或将两个长枝相互缠绕成圆圈,并拉平放置,以缓和树势,促发中庸枝的一种方法。圈枝是缓势促花、促进早果的技术之一,一般在幼树上应用较多。成花结果后,解开绑缚,捋顺枝条。在许多成龄果园中,早期的圈枝多年未解开,长到一起,扰乱树形,影响光照,已经没有利用价值,应立即疏除。

39. 简化修剪中如何正确长放?

长放即不进行修剪,保留枝条顶芽,由顶芽发枝,自然延伸。长放是简化修剪法中的核心技术之一,作用是缓势增枝、促花结果。一般来说,主干和主枝延长头长放是为了使中心干和各小主枝保持单轴延伸,减少竞争枝。而拉平或下垂的结果枝、保留的背上直立枝等也采用长放手法,这样能培养成单轴、下垂、松散型枝组,这是构成树体骨架的基本单位。

（1）**中心干延长头长放**　生产上把纺锤形、细长纺锤形、主干形等这一类树形统称为有主干形树形,这类树形在幼树整形修剪时,一定要注意始终保持中心干的绝对生长优势,为此中心干的延长头一般不短截,连年长放。一旦短截之后，剪口下能萌发3～4条强旺的竞争枝，不易控制枝干比。除非特殊情况，如肥水条件不好或管理水平低，中心干延长头每年延伸长度达不到1m，可以在延长头饱满芽处短截，促发强壮新梢。

（2）拉平、拉下垂的侧生枝　一般来说，每一个主干侧生枝的延长头都应长放，保持侧生枝的单轴延伸。

（3）枝组长放，单轴延伸　结果枝组是结果的最小单位，培养细长、单轴、松散、下垂型的结果枝组对于苹果优质丰产尤为重要。要想培养这样的枝组，就必须对枝组进行长放处理，一般可连放3～4年，肥水条件好的果园，可以连放6～7年，长度可以达到1m以上，形成垂帘式结果枝。

图32　枝组长放

（4）结果枝长放　过去对于结果枝，尤其是串花枝，一般是采取见花就堵的办法复壮，同时也能剪掉部分花芽。但是这种办法，使枝轴变短，减少了结果枝的枝叶数量和叶果比，实际上把预备枝剪掉了。现在则采用结果枝长放的手法，配合人工疏花疏果技术，保持了结果枝的单轴延伸，保证了科学合理的叶果比。

40. 简化修剪的配套技术有哪些？

（1）及时保护伤口　修剪后的伤口要及时加以保护，否则不易愈合，能引发腐烂病等病害的发生。因此，冬季修剪的同时，要立即保护剪锯口。可用专用的伤口保护剂，防止伤口失水、受冻，促进伤口愈合。如人造树皮、愈合剂等。

图33 剪锯口保护

（2）加强肥水管理，增强树势 肥水管理是苹果生产的基础，生长季施用果树专用肥3～4次，每株每次0.5～0.75kg；结合药剂防治，每隔15天补给叶面微肥一次；8月末至9月初，每株大树挖沟施腐熟的农家肥50～75kg，小树25～30kg，施肥后及时灌水，促进树体发根和对养分的吸收，提高贮藏营养水平。

（3）果园实行自然生草制 当草高达30cm时，留5～8cm刈割一次，每年可刈割3～4次，刈割下来的草覆于树盘内。此外，果园严禁使用除草剂。

（4）严格疏花疏果，合理负载 传统修剪回缩较多，能疏除部分花芽，在一定程度上起到调整花芽量的作用。简化修剪法基本上废除了回缩剪法，必须通过严格的疏花疏果，控制枝组的留果量。萌芽后，早疏花序，疏除过密的、发育不良的花序；花序分离期保留健康的中心花蕾和1朵边花蕾，其余疏除。花期及时疏花。总之，疏花越早，对果实品质的改良效果越明显。根据当地的气候条件，晚霜过后及时定果，疏除边果、小果、病虫果等，保留大的、健康的、端正的中心果。大型果如乔纳金，间距保持25cm，中型果间距20～25cm，国光等小型果间距15～20cm，枝果比（5～6）:1，叶果比保证（50～60）:1，达到优质果生产的负载量要求。

64

（5）生长季及时修剪，控制旺梢　春季萌芽前，对于树冠空缺的部位，要刻芽促发壮枝，在芽子上方0.5cm处用钢锯拉一伤口，深度到达木质部为宜。萌芽时，把剪锯口、背上部位过多的芽抹掉，生长季及时疏除剪锯口处萌发的徒长枝和主枝上的背上直立徒长枝、竞争枝，以节省养分，减少浪费。主枝延长头的竞争枝生长到20～25cm，及时摘心，控制生长势。个别旺树，可以结合病虫害防治，在新梢旺长期和秋梢旺长期各喷施PBO 200倍液1～2次。

（6）加强病虫害综合防控，为优质、丰产提供保障

41. 为什么需要壁蜂授粉？

壁蜂是苹果、梨、桃、樱桃等果树的优良授粉昆虫，主要有凹唇壁蜂、角额壁蜂、紫壁蜂、圆蓝壁蜂和橘黄壁蜂等5种，目前生产上广为应用的是前3种。由于壁蜂在自然条件下出巢时间较早，可在8～12℃时采花粉，访花速度快，工作效率高，授粉能力是一般蜜蜂的80倍。它的生活习性好掌握，好投放，好管理和贮存，每亩放80～300头就可保证授粉，可克服灾害性天气影响，能显著地提高坐果率。

42. 放蜂前需要进行哪些准备？

放蜂前首先需要调整施药时间。须在放蜂前15～20天全园喷洒1遍高效低毒无公害杀虫和杀菌剂。放蜂期间，严禁使用任何化学药剂，防止杀伤正在授粉的壁蜂，影响授粉和繁殖。

其次，需要准备巢管。巢管为芦苇管（一头带节，一头切成光滑的斜口）或纸管（旧报纸或牛皮纸卷成的，壁厚1mm以上，一端纸团或泥团封实，一端开口），长15～17cm，内径6～8mm。用广告色将管口染上蓝、黄、绿、黑等色，混匀后50支一捆扎好。每亩准备巢管500～600支。

再次，需要在田间设置巢箱。巢箱按25cm×30cm×30cm规格制作（可用纸箱、木箱，也可用砖砌成）。以30cm×30cm的一面为开口，开口朝南或朝西，顶部盖遮雨板。也可选用1m² 塑料膜覆盖，放在40cm左右高的支架上，支架可以用木架或砖制成。一般每亩设置2个巢箱，每个巢箱装巢管500～600支，管口朝外。

还需要设置营巢用土坑。壁蜂营巢需用泥土间隔筑成巢室和封闭巢管管口,应人工设置营巢用土坑。在巢箱前 1m 左右处挖土坑,内铺塑料布并加黏土,塑料布四周用石块等压好。需要每隔 1～2 天在巢箱前的土坑内加水搅拌一次,放蜂期间保持黏土湿润,保证坑内有足够的泥土供壁蜂正常采集筑巢。

最后,备好蜂茧和放茧盒。蜂茧一般选用凹唇壁蜂或角额壁蜂,按果园面积和树龄备足蜂茧,在 0～5℃冷藏备用。放茧盒一般长 20cm,宽 10cm,高 3cm,用硬纸制作,也可以用小药品包装盒代替,盒四周扎 2～3 个直径为 0.7cm 的小孔,以便出蜂。

图34 壁蜂蜂巢

43. 何时放蜂? 怎样放蜂?

于苹果中心花开放前 7 天左右进园放蜂。

将蜂茧放在放茧盒内,盒内平摊一层蜂茧,不可过满过挤,然后将放茧盒放在巢箱内的巢管上,露出 2～3cm。若壁蜂已经破茧,要在傍晚释放壁蜂,以减少壁蜂的遗失。

盛果期苹果园每亩放蜂量按 200～300 头备足,初果期的幼龄果园及结果小年,每亩放蜂量按 150～200 头备足。

图 35　壁蜂访花

44. 如何回收及保存壁蜂?

　　果树花期结束,授粉任务完成,繁殖壁蜂结束,此时要及时将巢箱收回。把封口(包括半封口)巢管 50 ～ 100 支一捆捆好,装入网袋,挂在通风、避光、干燥房屋中保存。在回收壁蜂巢管时,一定要注意轻拿轻放,以免影响壁蜂幼虫的生长发育。第二年 1 月中下旬气温回升前,剖开巢管,取出蜂茧,剔除寄生蜂茧和病残茧后,装入干净的罐头瓶中,纱布罩口,0 ～ 5℃冷藏备用。

45. 利用壁蜂授粉有哪些注意事项?

　　补充花源要及时。在巢箱附近提前栽种十字花科打籽用的白菜、萝卜或越冬油菜等花源植物,为提前出茧的壁蜂提供花粉源。

　　巢箱摆放位置要恰当。巢箱宜摆放授粉地块的中央偏下风头位置,以前面开阔、后面略显隐蔽的树下为好。巢箱位置确定摆放好后千万不能移动,以便于壁蜂归巢产卵。

　　要注意预防蚂蚁、寄生蜂和蜂螨危害。在巢箱基座四周涂抹废机油(沥青)或覆盖塑料纸,防止蚂蚁爬到巢箱内危害。剥茧时剔除寄生蜂茧。对多年使用的蜂管,用 90 ～ 100℃的高温处理 20 分钟,杀灭蜂螨。

46. 为什么要进行疏花疏果?

疏花疏果是指人为地去掉过多的花或果实,使树体保持合理负载量的栽培技术措施。苹果疏花疏果是实现优质高产的重要环节,是一项人为调解果树生长结果的关键措施,可以克服果树的大小年现象,保证连年丰产稳产,提高果实品质,保证树体健康生长。优质果品要求果形端正,果个大小均匀、整齐度高,果面光洁、颜色鲜艳,果肉质脆、味甜、安全。为此在良好的土肥水管理基础上,必须要做好疏花疏果。

47. 确定负载量的依据是什么?

不同负载量对果实品质的影响不同,生产中,结果少负载量低使产量降低,影响经济效益,而结果过多负载量高易导致树体早衰和果实品质下降。只有负载量适宜才可以稳定产量,增大果个和改善品质,增加经济效益。

生产中要正确确定苹果树负载量,主要依据以下几项原则:①要保证优良的果实品质;②要保证每年都能够形成足够的花芽量,在实际生产中不出现大小年现象;③能够保证果树具有正常的生长势,树体不衰弱。

为了达到树体的合理负载,克服大小年现象,苹果管理必须严格实施疏花疏果技术,才能获得高产、稳产、优质的栽培效果。苹果优质丰产栽培,要求亩产多控制在 2 000 ~ 2 500kg。根据这个限产目标,多采用以树定产,以产定量(个),分枝负担,均匀分布。确定留果量的方法很多,应根据品种、树龄、管理水平及品质要求来确定。

48. 如何确定疏花疏果的量?

疏花疏果的具体指标一般用以下几种方法确定:

一是枝果比法。一般按 5 ~ 6 个枝结 1 个果。因树势、品种、果量等有所变化。

二是距离法。即按一定距离留果,每 1 个花序只保留 1 个果,在已经确定全树适宜留果量的基础上,使果实均匀分布于全树各个部位。中小型果每隔

15～20cm留1个果,富士以25cm左右的间距留果。在具体操作中,还要依树势、枝组、果枝粗壮程度、果台副梢长短等留果,但总数不能超标。在以花定果的情况下,在花蕾至花期按20～25cm的距离留1个花序,其余的花序全部疏除,所留的花序,多采用只留中心花或留1个中心花和1朵边花。疏花时要先上后下,先里后外,先去掉弱枝花、腋芽花和顶头花,多留短枝花。坐果率高的品种,以疏花序为主,应多疏。而坐果率低的品种,应疏单花为主,要少疏为妥。

三是依干截面积确定留花果量(干周法)。根据树干中部干周长度,以此为依据计算苹果树适宜的留花、留果量,确定全树适宜的负载量。该法适用于树体完整、丰产品种、管理正常的初、盛果期树,尤其确定全树套袋果量最为适用。计算苹果树适宜的留花、留果量的公式为:

$Y=(3～4)\times0.08C^2\times A$

Y指单株合理留花、留果量(个)。(3～4)指每平方厘米干截面积留3～4个果(按每千克6个果计算)。C为树干距地面20cm处的周长(cm)。A为保险系数,以花定果时取1.20,即多留20%的花量;疏果定果时取1.05,即多留5%的果量。

49. 什么时候疏花疏果最好?

疏花疏果一般有4个步骤:疏花序、疏花蕾(只留中心蕾和1个边蕾)、疏花(只留中心花和1个边花)、疏果(花后10天开始疏)。

疏花要坚持一个"早"字,越早越好。无晚霜危害的地区,从花序伸出期开始早疏花序,以尽快完成疏除。有晚霜冻害的地区,不能以花定果,花期只疏部分过多的花序或不疏花,而且还应采取喷氮肥、微量元素以及放蜂等保花保果措施。到谢花后半月左右开始疏果,控制结果量。

果树疏果要贯彻一个"严"字。在气温较稳定的地区,谢花后10天左右就要开始疏果,要求在谢花后25天左右疏完果为宜,疏果的适宜时间有15天左右。疏果过早,由于果实太小,疏果技术很难掌握;疏果过晚,又起不到疏果的作用。有晚霜冻害的地方,疏果要分2次完成。花后半月进行第一次,生理落果后再进行疏果定果。

50. 疏花的具体方法有哪些?

无晚霜冻害的果园,以疏花序为主,先将过多的和弱花序疏除,但要适当多留,为选果、疏果、定果创造条件,以免影响产量。对专用的授粉树多不疏花。坐果率低的品种,以疏单花为主,还要注意多留花。

图36 人工疏花

具体操作中,一般应先疏除弱花序、病虫危害的花、叶片少的劣质果台花以及背上枝和腋芽上的大部分花序。同时疏除过密的花序及晚开的花。花期早以及早熟品种应先疏;花期晚及晚熟品种应晚疏。在疏花中应按计划产量多留20%～30%的花,到疏果、定果时再加以调整以保证产量。

图37 人工疏花

目前多用人工疏除的方法进行，由于疏花疏果用劳力多、疏除时间较长，常不能满足适时疏花的要求。研究化学疏除，如用石硫合剂、西维因、蚁酸钙等药物疏花，因效果不稳定，尚处于试验研究阶段。

51. 疏果的具体方法有哪些？

疏果定果要以合理负载为目标，要以选留好果、生产优质果品为前提。负载量要和当地的投入水平和树体营养相适应。一般中等投入水平，红富士亩产应确定在2 000千克为宜，即每亩留果10 000个左右。疏果时可多预留10%的果，待套袋时再进行调整。留果密度要根据实际情况而定，在一个主枝或一个松散形结果枝上，枝的中部花芽最饱满，容易结出好果，留果时宜多留，其他部位的弱花、差果一概疏除，宜少留果。从幼果外观看，高桩、个大、端正的果是选留的对象；从着生部位看，中、长枝果和侧生下垂果是选留的对象；从营养生长角度看，能够抽生副梢，并有8片以上莲座状功能叶片的果是选留的对象。

52. 生产上能否用化学药剂疏花？如何使用？

人工疏花疏果是最稳妥的办法，但费工费时，劳动力成本高，对于大规模的集约化生产，几乎不可能。与之相比，化学疏花疏果省工省力，能大大降低生产成本，能在短时间内完成大量任务。

苹果的化学疏花疏果技术从20世纪30年代开始研究以来，发现20余种化学药剂具有疏花疏果效应，其中NAA、西维因和石硫合剂等在实践中被广泛应用。在化学药剂疏花过程中，药剂浓度必须配制准确，否则会造成疏除不足或过量，给生产造成损失。小面积果园最好用人工疏除，比较可靠。

53. 无袋栽培的意义有哪些？

随着经济的快速发展和人民生活水平的不断提高，绿色、自然、原生态成为人们的追求，苹果的内在品质显得更加重要，而套袋苹果最大的缺点就是内在品质下降：果实总糖含量降低，酸度增加，风味变淡，斑点病、日灼、苦痘病等病害增多。另外，套袋是苹果园管理中用工最多的项目，几乎占到苹果整个生产成本的 1/4 ～ 1/3。套袋季节对短期劳动力需求旺盛，用工量大、季节性强，雇人难、工价高，加之工序繁杂、作业部位高，对工人的要求高，成为果农的沉重负担。随着农村劳动力缺乏问题的加剧，苹果套袋将面临困难局面。

套袋对苹果生产和市场的不利影响逐步增大，无袋栽培成为未来苹果生产的方向。无袋栽培生产的苹果色泽浓厚，酸糖比合理，风味绝正，口感甘爽，具备有袋栽培所不能达到的品质。实行无袋栽培可以节约劳动力，缓解农村用工紧张情况，大幅降低果园投入。无袋栽培降低了生产成本，为苹果的机械化、集约化、数字化栽培打下了良好基础。

54. 无袋栽培的必要条件有哪些？

无袋栽培不是以前的简单的不套袋粗放栽培，而是在果园整体管理水平较高的前提下进行的更为先进的高标准栽培，其必须以高品质、高安全性为先决条件，因而管理水平较低的果园不宜进行无袋栽培。一般来说，首先果园要处于海拔 800m 以上的苹果优生区，生态条件优越；其次要求矮砧集约栽培，树形为高纺锤形，行距 4m 以上，株距 1.5 ～ 2m，土壤管理采用生草制，病虫害轻微，树体生长良好，通风透光，产量稳定，无大小年。（见彩图 17）

无袋栽培要获得较好的果品质量，必须要求土壤有较高含量的有机质，一般而言最低必须达到 1%，最理想的是 2% 或更高。

无袋栽培必须具有高水平的无害化病虫害防治体系，杜绝使用化学农药，综合采用农业、物理、生物技术控制病虫害发生。这是决定无袋栽培成败的关键环节。

55. 无袋栽培的技术要求是什么？

实行无袋栽培必须达到两个标准：一是外观品质达到或超过套袋果，二是内在品质和安全性超过套袋果。无袋栽培模式下病虫害的发生和发展完全不同于套袋栽培模式，因此如何做好无袋栽培条件下的病虫害防控是无袋栽培的一大技术瓶颈。

无袋栽培尚需经过一个较长的阶段。但无袋栽培是果树生产发展的必由之路。对不同地区不同情况的苹果园来说，应根据园区的技术条件，让果农自愿地进行全套袋栽培或无袋栽培。

56. 我国苹果无袋栽培的可行性怎么样？

我国在苹果良种引进和选育方面已经取得了长足发展，一批着色良好、色泽艳丽、品质优良的苹果新品种相继推出，栽培模式也较以前有了很大的改进，通过苹果园改造或采用矮砧密植，苹果园的光照状况有了很大改善，一些新品种无须套袋其内在品质和感官品质均可达到优质商品果的质量标准；另一方面，随着我国高毒、高残留农药的淘汰和苹果绿色、无公害技术的推广，套袋降低农药残留的作用也越来越小。苹果无袋栽培符合经济规律和人们对苹果内在品质的追求。

从长远来看，无袋栽培是我国苹果产业技术发展的必然趋势。但是，无袋栽培涉及苹果栽培制度的变革，相对应的苹果生产的产前、产中和产后各个方面都会有巨大的变化，这需要加大水果无袋栽培技术研发力度，整合果树科研部门以及技术推广部门的力量，进行针对性攻关，这也需要一定的时间来总结相对成熟的生产管理模式和栽培制度，形成一整套完整的技术体系。

57. 苹果无袋栽培技术要点包括哪些？

苹果无袋栽培中生产的各个环节都会有巨大的变化，适合无袋栽培的品种、砧木、栽培模式、修剪技术、肥水管理和病虫害防治方法及采后处理技术都需要去研究总结，通过这些技术的成熟才能最后形成系统配套的技术体系。

1）无袋栽培需要着色好的品种，特别是富士系品种。调整主栽品种的结构，逐步降低富士栽植比例。

2）推广苹果现代栽培模式及修剪方法，改善苹果园采光条件。

3）推广矮砧密植栽培模式，或培养开心形或纺锤形树形，控制苹果园留枝量。

4）推广壁蜂等昆虫授粉、人工或机械授粉、铺反光膜、喷果面保护剂等花果管理技术，提高果形指数，改善果面光洁度和着色度。

5）在病虫害防治方面，依靠技术进步，解决苹果农药残留问题，保证果品安全。

58. 什么是功能性果品？

功能性果品是功能性食品的一个重要组成部分。功能性食品是指具有营养功能、感觉功能和调节生理活动功能的食品。它包括增强人体体质（增强免疫能力，激活淋巴系统等）的食品、防止疾病（高血压、糖尿病、冠心病、便秘和肿瘤等）的食品、恢复健康（控制胆固醇、防止血小板凝集、调节造血功能等）的食品、调节身体节律（神经中枢、神经末梢、摄取与吸收功能等）的食品和延缓衰老的食品。功能性食品的研究与开发在我国属新兴学科和领域，是多学科、多领域相互不断交叉、融合的产物，涉及营养学、药学、生理学、预防医学、生物工程、食品科学。随着人们物质生活水平的提高和果树产业的发展，对果品质量的要求越来越高，果品中含有的许多生物活性物质可以调节人体生理机能、提高免疫力、预防疾病，具有营养保健功能的果品生产开始受到重视，富硒（见彩图 18）、高钙、SOD（见彩图 19）等功能性果品在市场上越来越受到欢迎，这也成为有效增加果品经济效益的重要途径之一。

59. SOD 苹果的益处有哪些？

（1）抑制心脑血管疾病　机体的衰老与体内氧自由基的产生与积累密切相关，SOD 可清除人体内过多的有害的氧自由基，是对健康有益的成分。具有调节血脂的保健作用，可预防动脉粥样硬化，预防高血脂引起的心脑血管疾病，降低脂质过氧化物的含量。

（2）抗衰老　年龄的增长和某些体外因素会造成机体和皮肤组织自由基产生超过机体正常清除自由基的能力，从而使皮肤组织造成伤害，导致衰老。由于 SOD 能够清除自由基，因而可以延缓衰老。

（3）防治自身免疫性疾病　SOD 对各类自身免疫性疾病都有一定的疗效。如红斑狼疮、硬皮病、皮肌炎等。对于类风湿关节炎患者应在急性期病变未形成前使用，疗效较好。

（4）肺气肿　肺气肿患者亦可使用 SOD，但应在病变初期肺弹性纤维尚未受到损害时使用，疗效较好。

（5）辐射病及辐射防护　该品可用来治疗因放疗引起的膀胱炎、皮肌炎、红斑狼疮及白细胞减少等疾病，对有可能受到电离辐射的人员，也可注射 SOD 作为预防措施。

（6）**老年性白内障** 对这类疾病应在进入老年期前即开始经常服用抗氧化剂，或者说经常注射 SOD。一旦形成白内障，则应该摘除，因为此时使用 SOD 无效。

（7）**抗氧化** 医学报告指出，抗氧化能力的衰退期已提前至 40 岁左右，光靠蔬果已经不足以消除人体内外共同形成的氧化压力。

（8）**预防慢性病** 自由基是科学家最近才发现的导致各种慢性病与老化的罪魁祸首，故说它是"万病之源"，是人体健康的大敌，自由基对身体的伤害是日积月累的，尤其是糖尿病与心血管方面的疾病。

（9）**抗疲劳** 过多的自由基在体内残存，就犹如毒素蓄积在体内一样，会让人容易疲劳、厌倦、注意力不集中、常常昏昏沉沉、打哈欠。SOD 对上班族熬夜加班、学生应付考试所产生的疲劳，在提振精神及集中注意力方面成效显著，有助于工作绩效的提升及考试成绩的提高。

（10）**消除副作用** 接受化疗的癌症患者体内的抗氧化能力会大大地降低，万一低到某个程度，自由基就会损害细胞、黏膜、五脏六腑、脑、中枢神经等，所以癌症患者应及时补充抗氧化剂来维持好体力。

60. 怎样生产 SOD 苹果？

每亩每年用 SOD 活性酶制剂 200g（680U/g），全年需喷 3～5 次，稀释倍数以使用喷雾器械和每亩用水量确定。

第一次（80g）在花后 15～20 天喷施；第二次（60g）在套袋前喷施；第三次（60g）在摘袋前 30 天喷施。注意避开中午强光时段进行喷施，16 时以后为宜。

①喷施前至少提前 2 小时左右用温水溶解；②喷施时雾化要好，均匀喷施在叶面、树干及果实等部位。喷后 6 小时内遇雨需要重喷。③要求单独喷施，尽量避免与其他药剂混用。

61. 使用 SOD 需要注意的事项是什么？

喷施过程中，SOD 制剂混合稀释均匀，喷洒质量达到叶片、树干、果实等部位稀释液均匀附着。

建议在 10 时以前或 16 时以后喷施。

SOD 苹果制剂大多为粉剂，溶解时出现少量沉淀为正常现象，不影响使用效果，喷施前提前 4 小时用 20 kg 左右凉水溶解开，再倒入所需要的水中。

SOD 苹果制剂对霉心病、轮纹烂果病有一定防治作用，能增强树体抵抗力，改善果实品质，果面着色好，耐贮藏。

62. 富硒苹果的益处有哪些?

硒能杀灭各种超级微生物，刺激免疫球蛋白及抗体产生，增强机体对疾病的抵抗能力，中止危险病毒的蔓延。

硒能促进甲状腺激素的活动，减缓血凝结，减少血液凝块，维持心脏正常运转，使心律不齐恢复正常。

硒能增强肝脏活性，加速排毒，预防心血管疾病，改善心理和精神失常，特别是低血糖。

硒能预防传染病，减少由自身免疫疾病引发的炎症，如类风湿性关节炎和红斑狼疮等。

硒还参与肝功能与肌肉代谢，能增强创伤组织的再生能力，促进创伤的愈合。

硒能保护视力，预防白内障发生，能够抑制眼晶体的过氧化损伤。

它具有抗氧化、延缓细胞老化、防衰老的独特功能，与锌、铜及维生素 E、维生素 C、维生素 A 和胡萝卜素协同作用，显著提高抗氧化效力，在肌体抗氧化体系中起着特殊而重要的作用。

63. 富硒果品生产的技术要点是什么?

于花前 10 天和花前 2～3 天各喷施 1 次专用氨基酸硼叶面肥，以提高坐果率；于苹果花期开始至套袋前（与常规相比，套袋时间适当推迟 10～15 天）的幼果发育期，每 10 天左右喷施 1 次富硒叶面肥，连喷 3～4 次；果实套袋期间喷施 1～2 次富硒叶面肥；果实摘袋后，每 10 天左右喷施 1 次，连喷 2～3 次富硒叶面肥，果实采收前 7～10 天停止喷施富硒叶面肥。

64. 果园土壤管理制度包括哪些？

土壤管理制度归纳起来有果园生草制、清耕制、覆盖制、清耕覆盖作物制、免耕制和间作制等。每种管理制度各有其优缺点，生产中应根据苹果的品种与砧木类型、栽植密度、树龄、土壤肥力、立地条件等选用适宜的土壤管理制度。

65. 什么是果园生草制度？

果园生草，是果园土壤耕作管理的一种方法，包括自然生草和人工种植商业草种两种方式。果园生草能增加土壤有机质、氮素与有机质含量，改善土壤的结构和理化性质，防止地表土、肥、水的流失。有利于改善果园的生态条件，提高果实品质，减少缺素症，可节省除草用工，降低生产成本。

66. 果园自然生草应选择哪些草种？

自然生草的草种来源于野生杂草，先任由野生草种生根发芽，然后根据情况人为去留，或通过多次刈割保留下目标草种群体。实践证明，应该选留具有无木质化茎或仅能形成半本质化茎，须根多，茎叶匍匐、矮生、覆盖面大、耗水量小、适应性广等特点，一年生草种为主，多年生草一般不考虑。这种草每年都能在土壤中留下大量死根，腐烂后既增加了有机质，又能在土壤中留下许多空隙，增加了土壤通透性。自然生草果园中野草种类很多，如马唐、虮子草、虎尾草、狗尾巴草、车前草、蒲公英、荠菜、马齿苋、野苜蓿等，都可以利用。

67. 果园人工种草的草种应具备哪些要求？

人工种草的草种主要具备：①草的高度低矮，生物量大；②茎叶匍匐，覆盖率高；③草的根系应以须根为主，最好没有粗大的主根，或有主根但在土壤中分布不深；④没有与果树共同的病虫害，能栖宿果树害虫天敌的尤佳；⑤地面覆盖的时间长而旺盛生长的时间短，有利于减少草、果争夺水分与养分的时间；⑥耐阴耐践踏，适应范围广；⑦营养成分高，培肥地力速度快。果园种植的常规草种有白三叶、红三叶、苕子、紫云英、早熟禾、高羊茅、狗牙根、黑麦草、鼠茅草、二月兰等。

68. 商品草种如何播种？

采用直播生草法，即在果园行间直播草种子。果园生草通常采用行间生草，果树行间的生草带的宽度应以果树株行距和树龄而定，幼龄果园行距大，生草带可宽些；成龄果园行距小，生草带可窄些。果园以白三叶和早熟禾混种效果最好。全园生草应选择耐阴性能好的草种类。选用禾本科草种，每公顷用草种40kg。如果采用豆科和禾本科进行生草栽培，每公顷用草种15kg。播种分为春季和秋季播种，但一般8月中下旬秋季播种，杂草的竞争性较弱，草被形成的效果较好。

69. 果园的草被如何管理？

（1）幼苗期管理 出苗后，根据墒情及时灌水，随水施些氮肥，及时去除杂草。有断垄和缺株时要注意及时补苗。

（2）刈割 生草长起来覆盖地面后，根据生长情况，及时刈割，一个生长季刈割2～4次，草生长快的刈割次数多，反之则少。草的刈割管理不仅是控制草的高度，而且还能促进草的分蘖和分枝，提高覆盖率和增加产量，割下的草覆盖树盘。刈割的时间，由草的高度来定，一般草长到30cm以上刈割。进入秋季，杂草开始结籽、成熟，要在其成熟之前进行全年最后一次刈割。一般在9月中旬进行，之后杂草不再继续生长，留茬越冬。为了减少冬季火患，留茬尽量低，一般在5cm左右。刈割之后覆盖在树盘内，根颈周围30cm范围内不能覆草。

（3）肥水管理 要想草长得好一定要施肥，有条件的果园要灌水，在开始生草的前几年里，早春应比清耕园每亩多施50%的氮肥，生长期内，给草根外追施氮肥2～3次。生草地施肥水，一般刈割后较好，或随果树一同进行肥水管理。生草5～7年，及时翻压，休闲1～2年重新生草。翻压时期以春季为宜，翻压不宜过深，以免伤及果树根系。

70. 冬春季节，生草果园应该注意哪些问题？

（1）防治大青叶蝉 大青叶蝉是生草果园重点防治的害虫之一，可在9月下旬全园喷布一次杀虫剂，推荐药剂为4.5%高效氯氰菊酯乳油4 000倍液或2.5%功夫乳油2 000倍液。间隔15～20天再补喷一次。

（2）越冬管理 一般在11月初，结合防寒进行枝干涂白或包扎塑料薄膜，寒冷地区幼树还需绑草把。同时要预防老鼠和野兔危害，禁止放牧。入冬前，要在树盘内的杂草上零星压土，防止火灾发生。

（3）早春覆膜　由于有杂草覆盖，生草果园春季地温回升较慢，根系活动延迟，吸水能力差，加之地面蒸发量大，易造成枝条抽条现象。尤其是幼旺树，枝条本身成熟度不够，抽条更为严重。因此，应在早春萌芽前，树盘内全部覆黑色薄膜，提升地温，促进根系活动。开花后，气温基本稳定，再将黑膜撤掉。

71. 果园覆盖材料有哪些？

果园覆盖是项行之有效的传统技术，它可以防止或减少土壤水分蒸发，改善表层根的生存条件。如果覆盖物为有机物料，不但可以增加土壤有机质，改良土壤结构，而且会为树体的生长提供较为全面的营养，对强健树势、提高果实品质具有较好的促进作用。果园覆盖包括有机物（秸秆）覆盖、塑料薄膜覆盖、无纺布覆盖和沙石覆盖等，此外，国外也有通过在树盘中喷施有机物料的液浆（如木浆），固化后形成一层薄膜的方式。

72. 果园覆盖有机物料的特点及操作方法是什么？

果园有机物料是针对丘陵山区果园土层薄、肥力低、水分条件差、土壤裸露面积大而采取的土壤管理技术。果园覆盖有机物料就是将适量的有机物料覆盖在果树周围裸露的土壤上，它具有培肥保水、改善土壤理化性质、控制杂草、防止土壤流失等多种作用，从而促进树体生长发育，进而提高产量和改善品质。但覆盖有机物料容易诱导果树根系上浮，遭受鼠、兔危害以及容易引发火灾等，应注意防范。

有机物料的材料可以是稻草、麦秸、玉米秸秆、花生壳等，其中以豆科的秸秆效果较好。如果用禾本科秸秆，应适当撒施尿素等氮肥，以调整碳氮比，防止土壤脱氮。覆盖时间以夏初和秋末为最好。覆盖前有灌溉条件的，最好先浇水后覆盖，可以起到很好的保水作用。覆盖厚度以 20～25cm 为适宜，距离树干 0.5m 以外，将有机物料均匀地撒施到树冠下。全园覆盖，每亩地需要 3 000kg 左右，仅仅树盘覆盖则需要全园的 1/5～1/4。为了防止火灾和风刮，覆盖后要在草被上星星点点地压土。覆盖后不要随便将覆盖物翻入地下，除土层浅，需要深翻扩穴以外，以避免果树根系上浮。

73. 果园覆盖地膜的特点及操作方法是什么？

果园覆盖地膜能减少水分蒸发，提高根际土壤含水量，有利于提高早春土壤温度，促进根系生理活性和微生物活动，加速有机质分解，增加土壤肥力。树下覆膜还可减少部分越冬害虫出土危害，促进果实成熟和抑制杂草生长。但覆的膜残留土壤中，会给土壤带来污染。覆膜后土壤矿化率提高，为6%左右，有效养分释放快。覆膜后，施肥、灌溉或利用雨水较为困难，最好结合膜下滴灌设施。覆膜部位温度较高，对根系不利，有时会灼伤树干。

覆膜主要有白色聚乙烯地膜和黑色聚乙烯地膜，一般果园覆盖主要采用黑色地膜，可以有效控制杂草生长，且地表温度较白色地膜相对稳定。覆膜一般在早春土壤解冻后覆盖，干旱、风大的地区2～4月进行。成龄果园的地膜覆盖一般顺行覆盖或在树盘下覆盖，一般主要覆盖在树盘中，宽度在1m左右。覆膜前要浇水、平整地面。在干旱少雨的地区，适宜低畦或低树盘的栽植方法，即以树干为中心修大小与树冠投影一致、四周稍高的树盘，树盘内覆地膜，膜面要拉平，膜边角用土压住，防止水分蒸发。大树离树干30cm处不覆膜，以利于通气。

74. 果园覆盖无纺布的特点及操作方法是什么？

无纺布是新一代的环保材料，属于可降解材料，而且可以循环再使用，是没有任何遗留物质的环保产品。具有透气性好、韧性强、无毒无气味、不助燃等特点。

无纺布地膜可以抑制杂草的生长，从而减少用于除草的劳动力支出成本和除草剂的使用对果园生态环境的影响。较之塑料地膜，无纺布透气性好，可以维持果树根系良好的呼吸作用，促进根系的生长和新陈代谢，同时防止由于无氧呼吸而造成的根系腐烂等问题。由于无纺布吸收光辐射量大和保温的作用，可使果园地温提高2～3℃。在早春或者晚秋外界温度较低时，地温的提高可以显著促进果树根系的活力，增强根系生长，维持根系对水分无机盐的吸收及根部有机物的分解速率。同时地温的提高还可以延长土壤内微生物的活动时间，增加养分的分解与释放量，有效提高了果树的营养吸收水平，为果树安全越冬及翌年的生长提供充足的养分。但铺设无纺布不利于每年的施肥。

无纺布的铺设方法与地膜基本一致。果园行间铺设地布时，一种是树盘铺设，即只在定植行两侧各铺设 0.5～1m，结合行间自然生草的方式，可降低投入。铺好后两侧用土或者铆钉固定，防止被大风掀开。要注意树干处不能包裹太紧，以免随着树干加粗形成茎干勒痕，保持地布表面没有土壤，防止杂草在地布表面生长，根系穿透损坏地布。

75. 什么是水肥一体化？

水肥一体化也称灌溉施肥，它是借助压力灌溉系统，在灌溉的同时将固体或液体肥料配对成肥液，按土壤养分含量和作物需肥规律及特点进行肥水配对，加入到安装有过滤装置的注肥泵吸肥管内，通过管道系统和滴头均匀、定时、定量浸润作物根系生长区域的一种节约型灌溉施肥方法。

图 38　大型肥水一体化设备

图 39　简易肥水设施

图 40　意大利果园的滴灌设施

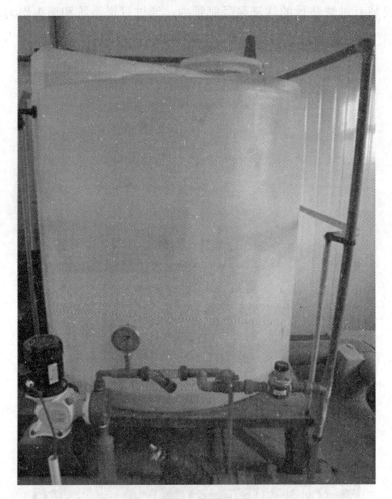

图 41　施肥罐

76. 水肥一体化有哪些特点？

水肥一体化具有节水、省肥、改善微生态环境、减轻病虫害、增加产量、改善品质、提高效益等特点。据研究，滴灌施氮肥与地表灌溉施氮肥相比可节约氮肥 44%～57%，节省水资源 50% 以上。水肥一体化设备一次性的投入成本高，对肥料的水溶性要求高，且肥料往往售价较高，要有比较好的过滤设备，保证输送管道的畅通。在使用高浓度肥液时，要控制好流量，防止浓度过高伤害作物根系。

77. 什么是根际注射施肥？

根际注射施肥是借鉴水肥一体化和树干施肥技术的原理，通过泵压，采用施肥枪向根际周围土壤施肥的方法。根际注射施肥是利用施肥枪将配置好的肥料溶液直接注入根际土壤中，投资少，成本低，施肥时无须开沟或刨坑，不仅避免刨坑损伤大量根系，同时还可药肥混合施入，适时调节水肥的入渗速率，使灌水均匀，不产生地面径流，减轻土壤板结，充分发挥水肥协同作用，大大提高了水肥利用率。

78. 枝干涂抹是怎么回事？

将肥料配成一定浓度，涂抹于果树枝干上，实现在无须灌溉的条件下补充营养的目的。在没有灌溉条件的干旱地区，这种方法较为适用。

图 42 枝干涂抹肥料

79. 缺锌苹果树如何施肥？

在萌芽前 15 天，用 2%～ 3% 硫酸锌溶液全树喷施，展叶期喷 0.1%～ 0.2%，秋季落叶前喷 0.3%～ 0.5%。重病树连续喷 2～ 3 年。或在发芽前 3～ 5 周，结合施基肥，每株成年树施 50% 硫酸锌 1～ 1.5kg 或 0.5～ 1kg 锌铁混合肥。

80. 苹果树缺铁会表现出哪些症状？

苹果叶片缺铁叫黄化病、白叶病、缺铁失绿症、黄叶病。由于铁是不容易移动元素，因此缺铁症状首先发生在树体幼嫩器官上。幼叶首先失绿，新梢顶端的幼嫩叶变黄绿，叶肉呈淡绿或黄绿色，随病情加重，再变黄白色，叶脉仍为绿色，呈绿色网纹状，全叶白，即发生我们平常说的黄化现象至黄叶病。轻者树势衰退，新梢顶端枯死，呈枯梢现象，重者全株变黄，甚至造成树体死亡。幼叶缺铁首先叶脉间失绿，叶柄基部出现紫色和褐色斑点。严重缺铁时叶子全部变为漂白状。正常生长的苹果树，叶片铁含量一般在 114.53～ 182.87mg/kg。

81. 如何解决果园树体缺铁问题？

①更换砧木。山荆子做砧木，品种易表现缺铁症状，而海棠抗缺铁能力强，可以在新建果园中栽植海棠砧木树苗。②改良土壤。采取增施有机肥、覆盖秸秆等措施，优化土壤物理结构，增加排涝、通气能力，降低土壤盐碱含量。③树下间作豆科绿肥，以增加土中腐殖质，改良土壤。④发病严重的树发芽前可喷 0.3%～ 0.5% 的 $FeSO_4$ 溶液，或在春梢迅速生长初期，用黄腐酸二胺铁 200 倍液叶面喷施。也可结合深翻施入有机肥，适量加入 $FeSO_4$，但不要在生长期施用，以免产生肥害。

82. 缺硼苹果树表现症状是什么及如何施肥？

一般落花后 8 周幼果果实发育不良，内部或外部木栓化，形成畸形果。当果实被切开时，会发现软木组织，果实生长停止，成熟时会出现不规则的凹陷，俗称猴头果。树体缺硼严重时，枝条基部抽丛生簇生"莲座叶"，节间变短，叶小、窄、厚、皱缩而脆，用手折叠树叶，很容易折断；花器发育不好，未受精而早落，表现坐果少。缺硼果树，可于秋季或春季开花前结合施基肥，施入硼砂或硼酸。施肥量因树体大小而异,每株大树施硼砂 0.15～0.20kg,小树施硼砂 0.05～0.10kg,用量不可过多,施肥后及时灌水,防止产生肥害。根施效果可维持 2～3 年,也可喷施,在开花前,开花期和落花后各喷一次 0.3%～0.5% 的硼砂溶液。

83. 缺钙苹果树如何施肥?

①增施有机肥和绿肥,改良土壤,早春注意浇水,雨季及时排水,适时适量施用氮肥,促进植株对钙的吸收;②在酸性土果园中适当施用石灰,可以中和土壤酸度、提高土壤中置换性钙含量,减轻缺钙症;③对缺钙严重果树,可在生长季节叶面喷施 1 000～1 500 倍硝酸钙或氯化钙溶液,喷洒重点部位是果实萼洼处,一般喷 2～4 次,最后一次在采收前 3 周为宜;④果实采收后,立即用氯化钙溶液浸泡 24h,可使贮藏期间的苦痘病病果率降低 7.9%。

84. 什么是叶分析营养诊断技术?

叶分析营养诊断技术就是通过化学方法测定目标果园叶片矿质元素的含量,将获得的含量数值与已知标准值(代表该树种正常生长结果时的叶内养分含量)进行比较分析,以叶片矿物质元素含量来推测整株树体矿物质元素盈亏状况,为树体的施肥管理提供参考。目前,叶分析营养诊断技术在欧美等苹果生产先进国家施肥管理中心普遍应用,并发挥重要作用。美国、意大利等发达国家已经建立比较成熟的营养诊断技术体系,大型农场一般每年都进行 1 次叶分析,来指导施肥,效果显著。

85. 苹果叶分析的叶样如何采集?

(1)选园 一般选择盛果期果园,由一户或一人管理的果园或田间管理相同的果园作为一个样本,尽量保证土壤、品种、树龄、产量以及长势基本一致,不要把不同砧木、不同树龄或不同处理的叶样混在一起。

(2)定树 取样植株尽量均匀分布于园内,勿选过强过弱的树。果园内一般采取"S"形取样或十字交叉五点取样法,每个点 3～5 株,采集 50～100 片,作为一个重复。一个样本果园需要 3～5 个重复,共计 15～25 株树。

(3)采叶时期 苹果树一般长梢停止生长的 7 月中旬至 8 月中旬期间采集,尽量避开打药、喷肥时期,如果处于病虫害防控时期,至少在打药后 1 周采样。

（4）采叶方法　从树冠外围1.5～1.7 m高度，选取新梢（长梢）中部无病虫害及机械损伤的健康叶片（已明显表现缺素症状的叶片，不能反映正常生理代谢水平），带叶柄向枝条基部方向掰下。每个梢采集1～2片叶，全树采集10片，5株树共采50片叶，为一组叶样，放入自封袋内或信封内封好。

（5）田间基本情况记载　每个叶样要注明果园位置、地块面积、采样时间、采集人姓名、树种、砧木、品种、树龄、产量、取样株位置、株行号、样本号以及打药、施肥、灌水等相关管理技术实施简况。

（6）叶片的采集与运输　编好号的鲜叶样，可集中放置在保温箱内，在箱底和样品的上部放置冰袋保温，以保证运输途中不至损伤叶片。

86. 果园测土分析的土壤如何采集？

（1）取样时期　采土样宜在春季萌芽前（5月之前）或秋季落叶时（9月底以后）土壤养分相对稳定期间进行，尽量避开施肥时期。建议秋季采集土壤测定，这样可以指导第二年的施肥管理。每年或者2～3年采集1次。

（2）取样工具　用专业土钻取土，或用铁锨。用铁锨先挖一个垂直剖面，然后用铁锨在剖面上均匀挖一个土块，用小土铲在铁锨上修出一个矩形土样，确保不同土壤深度土壤取样量相近。

（3）取样位置　采土时要避开施肥区域，从树冠外围正投影边缘处取土，生产诊断可取0～40cm深度土层的混合样。科研试验时，可精确地按0～20cm、20～40cm、40～60cm分别取土，同一层土壤混合。

（4）取样方法　每个样本采取多点取样的方法。根据果园形状；如果果园是不规则的形状，可采用"S"形取样的方法取五点土样，如果近似方形，可采用"X"形五点取样方法。如果果园的土壤情况复杂，可适当增加取样点。每个样点取2～4kg土。同一深度混合，拣去石块、细根及其他杂质，用四分法取土，保留1kg土壤，放入布袋中，风干。

（5）土样的标记　用铅笔在塑料标签上注明采样时间、地点、果树品种、数量、目的以及采集人等信息，系在布袋绳子上，便于查看。同时布袋内放一个记录信息相同的标签，以防袋外标签丢失。

87. 果园过滤设备有哪些？各有什么特点？

过滤设备是过滤灌溉水，防止各种污物进入滴灌系统堵塞管路或滴头。由于灌溉水源不同,所选用的过滤设备也有差异。过滤设备有拦污栅、介质过滤器、叠片过滤器、筛网过滤器、离心过滤器等。不同水源需要的过滤器不同,拦污栅可应用于水库水、河水;介质过滤器可应用于水库水和河水;碟片过滤器可应用于井水、水库水和河水;筛网过滤器和离心过滤器只可应用于井水。

88. 什么是根系分区交替灌溉技术?

根系分区交替灌溉是把果树根系分成不同区域（水平分区或者垂直分区）,灌水时在不同根系区域交替进行,即一个时段内在根系的一个区域灌水,另一侧不灌溉而使其干燥,下次灌溉原来干燥区,而上次灌溉区干燥,如此往复交替进行,从而实现调节气孔开度,减少植株蒸腾,提高水分利用效率,实现节水增产的目的。肥料可以随水冲施进入土壤或者通过滴灌系统施入根区,实现水分管理的简单、省力。

89. 稀土多元素螯合肥系列有哪些特点?

该肥料由沛田宝农业科技有限公司生产。这是一种新型多元素（大量、中量、微量、稀土元素）螯合肥。

1）通过螯合工艺处理大量、中量、微量元素及稀土元素,使养分由无机盐加工成有机盐,把脆弱的离子化合键变成高强度的共价键,其稳定性、水溶性和作物吸收性成倍提高,大幅提高了肥料利用率,因此可节省肥料的投入。

2）螯合态养分进入土壤后极其稳定,营养成分配比稳定不变,在很大程度上克服了土壤对养分的拮抗与固定,显著克服果树缺素症（如苹果苦痘病、痘斑病、水心病等）,有效逆转了普通肥料失效快的缺点。据刘洪洲等在河北省遵化市新立村试验,一片苦痘病果率近5%的红富士果园,试验第一年,病果率显著下降,翌年秋,苦痘病基本不见。此外,果实品质相应提高（可溶性固形物含量增加0.5%～1.5%,外观艳丽、着色好）。

3）重点解决了传统化肥单质元素无法与多种微量、有机元素相结合的难题,从而改变了传统化肥利用率低、土壤板结、化肥污染的严重问题。

4）该肥硫酸钾型复混肥含氮15%、磷5%、钾10%,稀土＋中微量元素＋有机质16.0%。

5）单株施肥量,苹果盛果期每株施1.5～2kg,幼树1～1.5kg,地面浅沟施入,部位在根系集中分布区。

五、苹果病虫害安全、环保与综合防治措施

1. 苹果主要有哪些病虫害？

据苹果病虫志记载，我国的苹果病虫害有百余种，但危害严重的常发病虫害也有十余种，主要有枝干病害，包括苹果树腐烂病、苹果枝干轮纹病；叶部病害，包括苹果斑点落叶病、苹果褐斑病和苹果白粉病；果实病害，包括苹果轮纹病、苹果炭疽病。虫害，主要有食心虫类、叶螨类、蚜虫类和卷叶虫类。

近年来又陆续出现一些新的病害，如炭疽叶枯病、套袋果实的黑点病等。

2. 食心虫类害虫发生及防治现状如何？

桃小食心虫是苹果重要的果实害虫，自 20 世纪 50 年代开始在辽南苹果上造成重大危害，虫果率一般达 30% 以上，至 80 年代中期虫果率仍在 10% 左右，严重影响苹果产量和品质。（见彩图 20、彩图 21、彩图 22、彩图 23）经过"六五"和"七五"科技攻关，提出推广了以地下防治为主，树上适期防治相结合的措施，加强幼虫地面出土时期和树上卵果率的监测，以卵果率 1% 的指标喷药，同时利用青虫菌、Bt 乳剂、昆虫病原线虫、白僵菌等防治桃小食心虫的技术日趋完善，食心虫的防治工作取得明显效果。特别是 90 年代以来，结合果实套袋技术和新型拟除虫菊酯类农药的广泛使用，基本控制了该危害。目前虫果率一般在 1% ~ 2%，无须单独施药，也不致造成较大损失，但是在不实行套袋栽培管理或管理粗放的果园，桃小食心虫仍是需要重点监测的对象之一。

3. 二斑叶螨发生及防治现状如何？

苹果树害螨种类主要有苹果全爪螨、山楂叶螨和二斑叶螨（见彩图 24）。苹

果全爪螨是河北北部和辽宁地区的优势种群；其次为山楂叶螨，仅在部分山荆子等砧木上发生较重；发生最轻的为二斑叶螨。山东省苹果园发生的害螨以山楂叶螨为主，其次是苹果叶螨，二斑叶螨的发生面积和数量最少。经分析认为，二斑叶螨在本地区危害减轻的主要原因有以下几个方面：①果园化学农药使用品种的变革，特别是杀虫、杀螨剂的更新换代。十几年前，苹果园多使用有机磷类和拟除虫菊酯类广谱性杀虫剂防治害虫、害螨，杀死了害螨天敌，使其失去自然生物控制。随着无公害果品生产及高效、低毒、低残留新农药的发展，果园农药使用品种进行了大调整，减少了对自然天敌的伤害。同时随着防治二斑叶螨特效药剂阿维菌素和一些新杀螨剂的出现和推广应用，该螨很快被有效控制。②果园内生态环境发生变化。20世纪80～90年代，我国新发展果园面积大，绝大多数幼龄果园间作豆科植物、苜蓿等或覆草，为二斑叶螨提供了良好的中间寄主和越冬场所，有利于二斑叶螨繁衍和栖居。目前，果园地面管理大多采用清耕制，破坏了二斑叶螨的越冬场所，因而近几年其危害减轻。但是我国北方果区正在大力推广果园生草管理，又加大了二斑叶螨暴发危害的危险性。（见彩图25）

4. 次要病虫害发生及防治现状如何？

苹果套袋是目前推广优质无公害苹果的重要措施之一。苹果套袋后避免了果实与外界的直接接触，有效减轻侵染性果实病害和虫害的发生，如轮纹病、炭疽病、黑星病、桃小食心虫和苹果小卷叶蛾等，但苹果套袋后PAL（苯丙氨酸解氨酶）、POD（过氧化物酶）、SOD（超氧化物歧化酶）等木质素、蜡质、角质等合成酶的活性受到抑制，果实抗病性下降，加之果实处于一个特殊的微域环境，袋内的高温、高湿，加重了一些潜在病虫害的发生，果实易发生黑点病（见彩图26）、苦痘病（见彩图27）、痘斑病、锈果病、康氏粉蚧（见彩图28）、黄粉蚜。这些斑点虽存在于果实表面，不会造成果实腐烂，但对外观影响严重。以富士为主栽品种的产区，因缺钙而引发的苦痘病、痘斑病等生理性病害危害严重，应引起高度重视。

5. 蚜虫类发生及防治现状如何？

苹果瘤蚜（见彩图29）、苹果黄蚜（见彩图30）均为阶段性和局部性发生的害虫。尤其苹果黄蚜，其种群消长与春、秋新梢生长规律相吻合。近年来，为了苹果树早期丰产，幼树密度普遍加大，氮肥施用量多，使新梢停止生长期推迟，幼嫩组织增多，有利于蚜虫生存、繁衍，导致种群量大，危害加重。同时对苹果瘤蚜越冬卵的孵化期未能进行准确的预测预报或者没有抓住关键防治时期进行防治，造成后期危害严重，药剂防治难以奏效。在某些管理粗放的果园，后期的虫梢率可达到 60% 以上。

同时，苹果绵蚜（见彩图 31、彩图 32）的疫区面积不断扩大。过去苹果绵蚜仅在大连和青岛地区局部有所发生，近几年疫区不断扩大。在辽宁、山东大部分果区均有分布，且危害日益加重。

6. 卷叶虫发生及防治现状如何？

卷叶虫在一些地区普通发生，但是隔年发生严重。有的地区因为忽视了第一代卷叶虫的防治而导致第二年虫口基数增加，危害严重，但是可以控制。发生严重的原因如下：①近几年来冬季平均温度升高，以小幼虫做茧越冬的苹果小卷叶蛾（见彩图 33、彩图 34、彩图 35）越冬存活基数较大；②花前是防治苹果小卷叶蛾的关键期，但是由于不少地区使用了壁蜂授粉而忽视了花前病虫害的防治，错过了防治苹果小卷叶蛾的最佳时机；③ 20 世纪 90 年代以前，由于普遍推广人工释放赤眼蜂的生物防治技术，卵块寄生率达到 90%，卵粒寄生率达 80% 以上，同时结合疏花疏果，卷叶虫的危害率曾经控制在 1% 以下。但是近年由于忽视了生物防治技术在生产中的应用，单存依靠化学防治，导致随时有危害加重的可能。

7. 金纹细蛾发生及防治现状如何？

由于金纹细蛾（见彩图 36、彩图 37）是以蛹在受害落叶中越冬，清除园内枯枝落叶，翻耕园地作为重要的预防手段，对压低金纹细蛾的虫口基数或减轻其危害程度起到举足轻重的作用。但是，推广果园种草和园内自然生草的同时，清洁果园和翻耕园地的工作却无法进行，导致虫口基数增加。推广生草制后，果园地面气候起了较大变化，地温提高，土壤湿度增加，非常有利于金纹细蛾安全越冬。由于在一些地区实行清耕制管理的果园比例较大，且一定数量的落叶被果农当作冬季取暖用的燃料，破坏了金纹细蛾的越冬环境，近些年的危害较轻。随着地面生草管理措施的大面积推广实施，仍然存在危害加重的可能。（见彩图38、彩图39）

8. 苹果树腐烂病发生及防治现状如何？

苹果树腐烂病一直是威胁我国苹果生产的重要病害，该病不仅造成苹果产量和品质的下降，也是造成死树和毁园的主要原因。其大发生历史，可以归纳为4次，即1948～1951年、1959～1962年、1976年前后和1986年前后，各次腐烂病的大发生，均给我国渤海湾产区苹果产业造成毁灭性的打击。从20世纪90年代开始，由于该产区果农的市场经济意识提高，将经济效益低的国光、新红星等品种园毁掉，重新栽植经济效益较高的富士等品种，苹果树腐烂病危害表现不太明显。但随着80年代后期及90年代栽植的苹果树逐渐衰老，苹果树腐烂病呈现了上升的态势。据调查统计，2008年，渤海湾产区苹果树腐烂病病株率已达51.5%，远远高于20世纪90年代中期的20%左右，表明苹果树腐烂病已经开始进入新一轮的发病期，且大发生的趋势越来越明显。（见彩图40、彩图41、彩图42、彩图43）

9. 苹果轮纹病发生及防治现状如何？

苹果轮纹病是我国苹果生产上的重大病害。该病不仅可以危害枝干，还能造成大量烂果。20世纪80～90年代，渤海湾苹果产区烂果率大发生的年份达20%以上，重者30%以上，甚至绝收，经济损失接近或相当于前些年令人瞩目的棉铃虫造成的直接损失。除此之外，因该病日趋严重，生产上喷药次数明显增多，渤海湾地区全年用药12～14次，有的果园全年用药甚至达到20多次，防治费用大幅度上升，农药残留问题也日益严重。但近几年来，随着果实套袋技术的推广应用，对苹果轮纹病达到了较好的防治效果，套袋果园几乎没有轮纹烂果的发生，用药次数也由先前的十几次降低到现在的6～7次，而且大多药剂不针对轮纹烂果病，不直接接触果实，既节约成本，又减少农药在果实上的残留。（见彩图44、彩图45）

但也正是因为施药次数的减少，对枝干的保护也相对减少，再加上树势衰老、营养缺乏、负载量过大等原因，造成苹果枝干轮纹病和干腐病的发生率大幅上升。据调查统计，2008 年，渤海湾产区苹果枝干轮纹病和干腐病病株率达 87.3%，根据单株发病的严重程度分级而计算的病情指数为 70%，而栽培面积最大的，也是高感品种的富士发病率在 84% 以上，有些枝条刚结果几年，甚至还没结果即枯死，影响结果年限，大树枝干病瘤累累，削弱树势，导致产量下降，其危害程度已经超过苹果腐烂病。

10. 苹果斑点落叶病发生及防治现状如何？

苹果斑点落叶病从 20 世纪 80 年代开始，一直是渤海湾产区苹果生产的重要叶部病害，常引起生长季早期落叶。90 年代大流行年份感病品种病叶率达 90% 以上，严重削弱树势，影响来年苹果的产量与品质。但随着近几年雨水减少等气候变化和大量有效药剂的使用，苹果斑点落叶病的发生减轻，基本不造成落叶。苹果斑点落叶病的防治方法主要以化学防治为主，从异菌脲等二甲酰亚胺类杀菌剂到目前的多抗霉素类和三唑类杀菌剂，种类多，作用方式多样，完全可以控制苹果斑点落叶病的危害。（见彩图 46、彩图 47）

11. 苹果白粉病发生及防治现状如何？

苹果白粉病是渤海湾苹果产区一种常发性病害，但年份差异明显，前些年很少发生，但近几年，特别是 2007 和 2008 年，其发生明显加重，渤海湾产区果园基本都有发生，平均病叶率 50% 左右，部分果园病叶率达 90% 左右，影响果树生产。（见彩图 48、彩图 49）

苹果锈病其转主寄生只在某些风景区周围发生严重，但不会给整个苹果产业带来危害。

两种病害防治药剂均以三唑酮最为有效，而硫黄、己唑醇等也用于防治苹果白粉病。

12. 根部病害发生及防治现状如何？

苹果根部病害包括圆斑根腐病（见彩图 50）、根朽病、白纹羽病、紫纹羽病等，其发生虽不像其他侵染病害那样具有较强的流行性，但如果某片果园有根部病害的发生，也具有一定的传染力。近年，辽宁绥中大台山果树农场出现多处苹果圆斑根腐病，朝阳县、建平县的果园内苹果根朽病危害有加重趋势。因根部病害直到地上部表现症状才可发现，此时根部已基本失去活力，采取根部施药的方法也无法治疗，若采用换土的方法工作量太大，现实中无法实现。所以，发生根部病害的果园会出现连年死树的现象，严重影响种植者的信心。（见彩图51）

13. 苹果病虫害综合防治策略是什么？

①加强农业生态控制措施的基础地位；②强化使用生物、物理控制措施；③合理使用化学防治。

14. 农业防治技术措施有哪些？

农业防治技术是防治果树病虫害最基本的综合措施，主要包括：①合理修剪，促使果园通风透光，降低小气候湿度，创造不利于病虫害发生的环境条件；②搞好果园卫生，彻底清除各种病虫残体，消灭病虫于越冬场所，减少生长期病虫来源，如刮树皮、剪病枯枝、摘病虫叶、清除落叶落果、人工

图43　合理修剪，改善通风透光

破坏害虫越冬场所等；③选用无病毒苗木，避免难防病害的扩散蔓延。④合理施肥、灌水，增强树势，提高果树抗逆能力，是生产无公害果品的基础。

图44　合理修剪，改善通风透光

图45　清除落叶、落果

图46　清除落果

根据土壤肥水条件、往年施肥水平、果树生长状况及果树结果量等因素综合分析，以确定肥水量及肥料比例。有条件的果园可以采取测土施肥、配方施肥等先进技术。

15. 生物、物理控制措施有哪些？

①生长期利用频振灯或黑光灯、糖醋液、诱蛾草把等诱杀害虫（螨），利用害虫假死性振树杀虫、人工捕捉或摘除病虫等；②继续完善套袋技术，保护果实免受病虫危害，可减少喷药次数，防止农药污染；③根据病虫发生特点，不在果园周围种植相应果树病虫的转主寄生植物，避免交叉危害，如不在苹果或梨园周围种植桧柏等；④大力推广使用生物防治技术，如人工释放松毛虫赤眼蜂可有效防治卷叶蛾、刺蛾等多种害虫，利用捕食螨防治果树害螨等；⑤在干旱、半干旱地区推广地面生草措施，既可以保持果园土壤水分，又可以为天敌的繁殖提供必要的栖息场所。实行生草管理的初期，可能会引起某些害虫发生量的加大，但是随着果园生态系统的修复，天敌的种类和数量会逐渐上升，同时结合使用其他配套措施，将害虫控制在一定的水平之下。

图47　树间悬挂诱虫灯

图48 树间悬挂性诱剂诱杀食心虫

图49 绑瓦楞纸防越冬二斑叶螨

图50 树间悬挂黄板诱杀蚜虫

图51 果实套袋

图52 放捕食螨

图53 田间生草保护天敌

16. 化学防治措施有哪些？

由于果园长期大量使用化学农药，不可避免地带来了害虫的抗药性、次要害虫爆发、环境污染等一系列的生态学问题。但是在目前的农业生产模式下，化学防治仍然处于无法替代的地位，这就要求我们必须掌握农药的合理使用技术，趋利避害，尽量协调好化学防治和其他防治措施之间的矛盾。

第一，在病虫害防治的关键时期用药。花前花后是防治苹果园主要害虫的关键时期之一，不能因为使用壁蜂授粉而忽视病虫防治的重要性，可以使用选择性较好的农药或者使用非化学措施压低全年的害虫基数。病害的防治要在发病的初期，做到早发现、早治疗，同时防重于治。

第二，按照经济阈值用药。加强病虫的动态监测，按照经济阈值进行防治，可以明显减少农药的使用量。渤海湾产区的主要病虫，如桃小食心虫、叶螨、斑点落叶病等监测技术和防治指标已经完善，可在生产中推广和使用。

第三，尽量使用选择性较高的农药，避免广谱性农药对天敌的伤害。

图54　喷药防治

17. 苹果花前病虫害防治技术有哪些?

随时刮除大枝、树干上的轮纹病病瘤、病斑及腐烂病和干腐病病皮。对轮纹病,刮破病皮,刮除病瘤表层硬壳,至斑斑点点露白程度,然后涂抹2.12%的腐殖酸铜原液,杀菌消毒,促进树皮愈合和残存病组织翘离,形成新皮。对干腐病病斑及周围2cm范围内的树皮,用快刀刀尖顺树皮纵向划道,深达木质部,间隔距离0.5cm,再充分涂上述药液。同时,刮除腐烂病斑,涂上述药液。苹果花序露出至分离期,全树喷布45%硫悬浮剂300～400倍液或10%多抗霉素1 000～1 500倍液或50%异菌脲1 000～1 500倍液,加10%吡虫啉2 000～3 000倍液或48%毒死蜱乳油1 000～2 000倍液,防治果实霉心病和蚜虫类。同时,铲除套袋果黑斑病病源,兼治害螨、卷叶虫等。

18. 苹果落花后至果实套袋前病虫害防治技术有哪些?

此期是病虫害防治关键时期,一般需喷药2～3次。落花后7～10天,喷洒1次杀菌剂加杀虫杀螨剂,防治苹果轮纹烂果病、苹果全爪螨、山楂叶螨,并兼治卷叶虫、金纹细蛾、蚜虫等。套袋果易发生黑点病、红点病,套袋前应选择多抗霉素、农抗120等药剂进行防治,选用50%多菌灵可湿性粉剂600～800倍液或70%甲基硫菌灵可湿性粉剂800～1 000倍液等杀菌剂,混加1.8%阿维菌素乳油4 000～5 000倍液,或20%扫螨净乳油2 000～3 000倍液或50%四螨嗪悬浮剂5 000～6 000倍液等只能杀螨,但有效期可长达50天左右。第二次喷药在落花后30天左右,果实套袋前2～3天进行,喷洒的杀菌剂有70%甲基硫菌灵可湿性粉剂800倍液或50%多菌灵可湿性粉剂600～700倍液或7.2%甲硫酮(果优宝)300～400倍液,并可结合防治金纹细蛾、卷叶虫,加入25%除虫脲可湿性粉剂1 600～2 000倍液或25%灭幼脲3号1 500～2 000倍液或20%氰戊菊酯乳油2 000～4 000倍液。如兼治康氏粉蚧,可混加48%毒死蜱乳油1 000～1 500倍液。上述2次用药应交替使用。

19. 苹果套袋后至摘袋前病虫害防治技术有哪些?

主要防治叶部病虫害。叶部病害主要为褐斑病,交替使用1:(2～2.5):200

倍波尔多液与多菌灵、甲基硫菌灵、代森锰锌等，一般每隔 15 天左右喷 1 次药；二斑叶螨发生严重的果园，喷洒 1.8% 阿维菌素 4 000～5 000 倍液或 25% 三唑锡 1 500～2 000 倍液，混加 20% 四螨嗪（螨死净）2 000～3 000 倍液及 25% 灭幼脲 3 号 1 000～1 500 倍液，有效控制期 1 个月左右，对其他害螨、毛虫等食叶类害虫也有良好的防治效果。防治害虫药剂可与多菌灵、甲基硫菌灵、代森锰锌等杀菌剂混用。同时做好叶螨的预测预报，按指标喷药，方法是选 5 株树，在每株树东、西、南、北、中 5 个方位各取 4 片叶，7～10 天调查一次活动螨和卵数，7 月中旬以前，每片叶有活动螨 3～4 头，7 月中旬以后有 6～7 头，可喷洒杀螨剂防治。

对于不套袋果园，此期还应在做好预测预报基础上，加强桃小食心虫的防治。方法是选前一年桃小食心虫发生重（虫果率高于 3%）的苹果树 5 株，扫净、搂平树盘，树干下放十几块砖头、瓦片，每日早晚检查、记载出土幼虫数，当幼虫数量突然增加时，地面喷洒 25% 辛硫磷微胶囊 300 倍液或 48% 毒死蜱乳油 600 倍液。树上喷药，从 6 月 10 日左右开始，每亩果园设性信息诱捕器 1～2 个，每天早晨挑取和记载雄蛾数，当蛾量猛增时，开始调查卵果率，每次调查 500～1 000 个果，3 天 1 次，当卵果率达 1.0% 左右时，树上开始喷药，喷 2.5% 溴氰菊酯乳油（敌杀死）3 000～4 000 倍液或 2.5% 氯氟氰菊酯乳油（功夫）2 000～3 000 倍液等。同时，视降雨情况每隔 10～15 天，交替使用 1:（2～2.5）:200 倍波尔多液、50% 多菌灵加 80% 三乙膦酸铝、7.2% 甲硫酮，防治果实轮纹病，兼治褐斑病。

果实采收前 30 天停止用药。

20. 如何购买农药？

（1）看有效成分　一个合格的农药产品标签必须标明农药的中文名称、"三证"号（即农药登记证、生产许可证和生产标准号）、净重或净容量、生产厂名、地址、邮政编码、电话、农药类别标志、使用说明、毒性标志、注意事项等，缺乏任何一种，则为不合格产品或假冒伪劣产品，请不要购买。

（2）对症购药　果树病虫害种类很多，其发生、危害规律和特点有很大差异。各类农药的产品有很多，其防治对象和作用特点也不相同，所以必须根据防治对象的种类和特点，选用最有效的产品，才能达到防治的目的。任何一种农药只适用于一定的防治对象，某种农药在作为商品销售之前，都已经进行了严格的室内、室外试验和田间示范，用来明确防治对象和防治效果。好农药都会标明防治对象，如吡虫啉、阿克泰、啶虫脒，适用于刺吸式口器的蚜虫；1.5%多抗霉素用于防治苹果斑点落叶病、梨黑斑病；灭幼脲等昆虫生长调节剂适用于防治潜叶蛾类害虫；阿维菌素对梨木虱防效高。

1）杀虫剂及杀螨剂的购买。根据不同害虫的危害特性及防治难易、防治时期确定选购农药品种。对刺吸性口器害虫，如蚜虫等应选用内吸性强的杀虫剂；对食心虫类害虫可选用杀卵、触杀、胃毒、内吸性的杀虫剂；对易分泌黏液的梨木虱等害虫可购买含有分解、渗透能力助剂的内吸、触杀性的杀虫剂；对具有蜡质层如介壳虫类要选用具有溶蜡能力的杀虫剂；对蛀干害虫要选用内吸性并具有熏蒸作用的杀虫剂，也可选用粮食贮藏时所使用的熏蒸杀虫剂磷化铝等；杀螨剂可根据不同虫态选用触杀成螨、杀卵或螨卵兼治的农药品种。

2）杀菌剂的购买。病菌侵染果树后，具有潜伏期，对那些潜伏期长的病害以预防为主，可选择保护性能好、残效期长的杀菌剂，同时准备一些具有治疗作用的杀菌剂以备病害发生严重时使用。预防药可选具有兼治其他病害的常规药剂或专用药剂。治疗药剂一定要选专一对某种病害有治疗作用的农药。

3）展着剂的购买。果农在购买农药的同时可选购农用展着剂，防止雨水冲刷，延长残效期。

（3）单价高的农药用药成本不一定高　每年防治病虫害，要花很多钱，降低用药成本是必须想到的。但经过核算会发现，单价高的农药用药成本并不高。如某种进口药剂对梨黑星病防效很好，但售价高，每袋20元（500g装），但稀释倍数为2 000倍；某药防效一般，但售价低，每袋10元（500g装），但稀释倍数为700倍。若一车水1 000 kg，使用进口药需20元钱，使用国产药需30元钱。可见使用单价低的农药，由于使用倍数低、使用次数多，用药成本也不一定少；使用单价高的农药，由于使用倍数低、使用次数少，用药成本并不高，而且防治效果反而比便宜的好。因此购买农药一定要结合其稀释倍数来确定性价比。

（4）尽量选用单剂，慎用复配剂

（5）**过期农药不要购买**

（6）**联合购买**　果农可多家联合购买，互相参谋，并可享受优惠价格。

（7）**农药厂家的选择**　选择实力强大、具有知名度的国家大型农药企业的产品及进口农药。这些厂家，农药新品种的开发能力较强，注重产品质量，出现问题赔付能力强。

表4　防治果树常见病虫害的高效药剂

病虫害名称	高效药剂
腐烂病、干腐病	3% 甲基硫菌灵糊剂、腐殖酸钠，混加增效剂
轮纹病	10% 苯醚甲环唑水分散粒剂、70% 甲基硫菌灵可湿性粉剂、50% 多菌灵可湿性粉剂、430g/L 戊唑醇悬浮剂
斑点落叶病	1.5% 多抗霉素、50% 异菌脲悬浮剂
褐斑病	波尔多液、50% 多菌灵可湿性粉剂、70% 甲基硫菌灵可湿性粉剂
锈病	15% 粉锈宁、12.5% 烯唑醇
白腐病	世高、福星、苯菌灵、福美双
霜霉病	霉多克、烯酰吗啉、灭克
蚜虫	吡虫啉、啶虫脒
卷叶虫	虫酰肼、甲氧虫酰肼
苹果绵蚜	毒死蜱、蚜灭磷
梨木虱	阿维菌素、阿克泰、炔螨特、高氯
红蜘蛛	哒螨灵、霸螨灵、尼索朗、三唑锡、四螨嗪、丁醚脲
二斑叶螨（白蜘蛛）	阿维菌素、三唑锡、霸螨灵、速霸螨
食心虫类	菊酯类（保得、灭扫利、天王星、速灭杀丁、高氯、功夫）
蚧壳虫	速扑杀、噻嗪酮
蛀性枝干害虫（吉丁虫、天牛等）	菊酯类 100 倍液 + 敌敌畏 100 倍液 + 渗透剂（涂干）、50% 杀螟硫磷 800 倍液 + 渗透剂（喷雾）

21. 如何正确使用农药？

（1）喷药时间和次数 一是喷药应在关键时期进行。如腐烂病应在春季和秋季进行防治；桃小食心虫在卵果率达到 1% 以上时进行防治；梨木虱、红蜘蛛、卷叶虫抓紧在花前防治。二是尽量在雨前防治，雨后土地泥泞，短期难以喷药，引起病害大发生，再喷药防治则难以控制。因此在果树生长期应注意每日观看天气预报，以确定打药时间。一天中最佳喷药时间是 8 ～ 10 时，16 ～ 18 时为宜。喷药次数主要根据药剂残效期的长短和气象条件来确定。一般隔 10 ～ 15 天喷一次，雨后补喷。

（2）严格掌握用药量 任何农药标签或说明书上推荐用药量都是经过反复试验才确定下来的，使用中不能进行任意增减，不能估计用药，以免造成浪费或药害。

（3）喷药要均匀 一般应全树喷洒均匀，药剂的传导性是有一定限度的，如触杀性的杀虫剂若喷不到虫体上则残留下活虫，预防性杀菌剂喷洒不均匀则留下漏洞遭病菌侵染。

（4）轮换用药，延缓有害生物抗药性的产生 农药在使用过程中均会产生抗药性，特别是一个地区长期使用同一种农药，将加速抗药性的产生。因此要了解对某一病虫害有效的一系列药剂，以备平时轮换使用。不能因一种药剂有好的防效就长期使用，从而减少了药剂的使用寿命。

（5）合理混配农药 农药混用的原则：2 种或 2 种以上农药混用，不能起化学反应。如多数农药不能和波尔多液和石硫合剂混用。混用的农药品种要有不同的作用方式和兼治不同的对象。如喷药时杀虫剂和杀菌剂混用是为了兼治病虫，省时省工，减少喷药次数。提倡不杀卵的杀虫剂与杀卵的杀虫剂混用，保护性杀菌剂与内吸性杀菌剂混用等。

（6）防止药害 花期是树体敏感期，尽量避免施药。此外，高温、日照强烈或雾重、高湿也易引起药害。

22. 如何防治苹果树腐烂病？

（1）发病规律 病菌以菌丝、分生孢子器及子囊壳在枝干病斑树皮内越冬，也可在堆积于果园的离体树枝上越冬。春季树液流动后病菌活动危害，使病斑迅速扩展，产生溃疡型症状或枝枯型症状。3～4月为发病盛期，病斑扩展速度最快，5～6月发病减轻，7～8月较少，9月以后发病又变多，11月以后发病停止。3～11月果园中有腐烂病菌从剪锯口、冻伤、落皮层皮孔及一切死伤组织侵入。一般来说，当树势衰弱或局部组织抵抗力下降时，潜伏的病菌开始活动危害，引起树皮腐烂。由于病菌的侵染时间长，途径多，并有潜伏侵染特性，所以在无明显症状的树皮内，普遍潜伏有腐烂病菌。（见彩图52）

（2）控制技术

1) 春季彻底刮治。春季发病高峰之前,刮粗翘皮、检查刮治腐烂病3次左右。刮治时，除外观容易发现的大块病斑外，还应注意及时刮除粗翘皮边缘及其下面潜藏的不易被发现的小块病斑，以防扩大成大块烂树皮。刮治时，应将烂树皮连同周围表层干翘皮一块刮掉，使病疤周围露出3～4cm宽白色好树皮，以保证腐烂病真正刮治干净。（见彩图53、54）

2) 落花后及时剪除新病枝。果树落花后，又有新病枝出现，特别是小枝溃疡型腐烂病出现较多，应及时将其剪掉。

3) 结冻前继续刮治。果实采收后至结冻前，正值表层溃疡大量出现并向树皮深层扩展的时期，应仔细检查和刮治2～3次，刮除表层溃疡和刚刚发生的小溃疡斑。

4) 注意刮治方法。春天发生的腐烂病，大多深层烂得大，表层烂得小，所以刮治时要找到烂的边缘，刮成梭形立茬，刮净烂树皮和木质部表层红褐色或黄褐色粉末状死组织。夏、秋季的腐烂病，一般表层烂的面积大，里面烂的面积小，其中许多没烂到木质部，故宜采用削片的方法，刮成斜茬，尽可能多地保留烂皮下面的活树皮，以利于很快长出新皮，加速病疤愈合。

5) 涂药。及时剪除病枝和刮除病疤。刮病疤时只刮掉腐烂皮层即可，刮后涂10%果康宝15～20倍液，腐必清2～3倍液，2.12% 843康复剂5～10倍液、人造树皮等。为保持病疤边缘药剂的持效性，防止病疤边缘木质部病菌往树皮上扩展，最好在春天刮病疤时及夏季，各涂药一次。针对病疤边缘木质部中病菌存活时间较长的特点，每次涂药时也应对刮治后2～3年没重犯的旧病疤涂药，以防止重犯。

6) 喷药。发病严重的果园,春季发芽前全树喷布10%果康宝100～150倍液,腐必清80～100倍液,2.12% 843康复剂5～10倍液,加腐殖酸钠100倍液等。

重点喷布主干和大枝,喷到滴水程度为止。对发病重的苹果树,为尽快控制发病,在夏、秋季落皮层开始出现时,再涂刷一次上述药剂,以防止落皮层上潜伏侵染的病菌活化扩展,变成表层溃疡。在一个苹果园中,不一定每株树都喷洒药液,而应当实行挑治。对无病的壮树可不喷,而只对有病壮树、弱树进行喷洒。

7)桥接或脚接。在果树旺盛生长期的5～8月,对主干和大枝上的大病疤进行桥接或脚接,可帮助树体进行养分和水分的运输,有利于恢复树势,加快病疤愈合。(见彩图55、彩图56)

23.如何防治苹果枝干轮纹病?

(1)发病规律 病菌以菌丝体分生孢子器及子囊壳在苹果被害枝干上越冬。当气温达到15℃以上,相对湿度达到80%以上,遇雨病菌开始大量散发孢子,随雨水飞溅传播,经皮孔组织侵入。花前仅侵染枝干,花后枝干、果实均可侵染。侵染期为4～9月,其中6～8月侵染较为集中,2～8年生枝条均可被害。谢花后直至采收前1个月,只要条件合适,都可以侵染果实,以幼果期雨季侵染率最高。

(2)防治适期 防治苹果枝干轮纹病,在早春3月至发芽前刮除病瘤、病斑和粗皮,刮后及时喷药或涂药(见彩图57、彩图58)。落花后若有10mm以上降雨,雨后或雨前应及时喷药,以后每隔10～15天喷药1次,共喷6次左右。

(3)控制技术

1)春季苹果树发芽前。结合冬剪剪除病枯枝,集中烧掉,树上喷布一次10%果康宝或30%腐烂敌100～200倍液、3～5波美度石硫合剂、45%晶体石硫合剂30～50倍液或喷一次高浓缩强力清圆剂600倍液。

2)开花前后。刮除枝干上的老翘皮和轮纹病瘤及周围病皮,刮至斑斑点点露白程度,然后涂抹2.12%腐殖酸酮(843康复剂)原液。

3)生长季喷布杀菌剂。苹果套袋园在落花后7～10天和果实套袋前各喷1次杀菌剂;不套袋苹果园在前2次喷药基本相同的基础上,后期用1:(2～2.5):200倍波尔多液和各种杀菌剂交替喷洒防治。选用的杀菌剂有50%多菌灵可湿性粉剂600倍液、70%甲基硫菌灵可湿性粉剂800倍液、80%代森锰锌800倍液、7.2%甲硫酮300～400倍液等。至采收前30天停止用药。

24. 果树冻害发生的原因是什么？

冻害是北方果区普遍存在的问题，即果树在越冬期间，遭遇到极端低温、长时间持续低温或大幅度降温影响，造成树体和组织器官受到不同程度损害甚至死树等危害。果树冻害发生有以下原因：

（1）秋季降雨过多或降温过早过低　秋季是果树由生长到休眠的过渡时期，此时降雨过多会使果树生长期延长，阻碍正常进入休眠；如果降温过早则会影响果树的低温锻炼，降低果树的抗寒性，造成枝干冻伤，严重时会导致树体死亡。

（2）冬季气温变化剧烈或低温持续的时间较长　温度变化剧烈、温差大，会造成树体受冻。而低温又会使细胞间隙水凝结成冰，压迫细胞壁，导致细胞损坏而引发冻害。

（3）春季回寒和干旱　干旱多风会加剧枝条水分的蒸腾，同时由于地温较低，水分供应不及时，容易出现生理干旱。而春季气温回升，果树的抗寒能力降低，此时若遇寒流或者干旱，会使花芽和枝条受冻害。

（4）果园立地条件不宜、品种选择不合理、栽培管理措施不当等，都会加重果树冻害的发生

25. 冻害会对果树造成哪些危害？

（1）根系冻害　根系位于地下部，受冻后不容易被发现，但对地上部的影响却非常明显。受冻较轻时，树体虽能萌芽抽梢，但生长缓慢；严重时，抽出的新梢逐渐枯干，这种影响可持续 3～5 年。

（2）根颈冻害　果树根颈接近地表，所在环境温度变化剧烈，容易因低温变化而产生冻害。冻害会导致皮层变黑、死亡，冻害较轻时只在局部发生，重时则形成黑环，包围干周，导致整株树体死亡。

（3）枝干冻害　果树枝干受冻后形成层变成褐色，并逐渐腐烂或主干皮部出现裂纹，严重时会导致树体死亡。

（4）枝条冻害　生长发育不成熟的嫩枝容易受到冻害而干枯死亡。有的枝条受冻后表现为萌芽缓慢，叶片小而且畸形，木质部发生褐变。

（5）**花芽冻害** 花芽受冻较轻时，会导致发芽较晚、生长畸形或长时间停留在某一发育阶段，严重时会枯死。

26. 果树的防冻措施有哪些？

（1）**选择合适的地方建园** 尽量选择背风向阳、排水好、风力小的地方建园，不要在地势较低或阴坡的地方建园。

（2）**营造果园防护林** 防护林能防风、固沙、减弱风速，此外，还能提高园内温度、调节湿度、减少果树冻害的发生。

（3）**选择合适的砧木和品种** 根据当地的气候条件，选择合适的品种进行栽植，寒冷地区要选择一些抗寒力强的砧木或品种栽植。

（4）**加强果园栽培管理** 果树生长前期要加强肥水供应，促进新梢旺长，增强树势，提高树体的抗冻能力。生长后期要控制浇水，少施氮肥，适量施用磷钾肥，喷 PBO，防止徒长。适时冬剪，剪口要及时涂抹保护剂，防止剪口部位风干或病菌入侵。对于长势较壮、营养充足的树要适当早剪，而幼树及长势强的树可推迟到来年春天再进行修剪。

（5）**病虫害防治** 及时进行病虫害防治，保护枝干和叶片。对于修剪、机械损伤或病虫危害造成的伤口要及时涂保护剂，减少树体水分蒸发及病虫害的入侵。

（6）**树干涂白** 冬季，在树干距离地面 0.5m 处涂白，防止根颈发生冻害。涂白剂的配制：生石灰 10 份，食盐 1 份、硫黄粉 1 份、水 30 份，加入适量的黏土和油脂，混合均匀，涂白剂的浓度以涂白后不往下流液、不黏合成团为宜。

（7）**树体包裹** 冻害来临前，把稻草、麦秸等做成草把紧紧缠绕树干和主枝上，也可用塑料薄膜将树干及主、侧枝进行缠绕，并在树盘下进行覆盖，这样可以提高地温，减少水分蒸发，增强树体抗寒能力。

（8）**幼树培土及覆盖** 幼树可在冻害前将根颈周围进行培土，厚20～30cm，待翌年气温回升后及时把土扒开；也可在树盘下覆盖地膜或覆草，能显著增强幼树的抗冻性。

（9）**灌水或喷水**　灌水或喷水可以提高果园土壤含水量,增加土壤热容量,待夜间温度降低后将热量缓慢释放出来。同时,灌水使空气湿度增大,遇低温后冷凝成水滴释放出热能,提高园内温度。

（10）**化学防护**　低温冻害前喷施植物抗寒剂,提高树体抗冻能力。萌芽前喷施植物生长调节剂,如乙烯利、萘乙酸等,可以抑制果树萌芽,推迟开花。而正在开花的树在低温前喷施碧护（每亩果园 5 ～ 7g）或 0.3% 的磷酸二氢钾 +0.5% 的白砂糖,连喷 2 ～ 3 次。

（11）**清除积雪**　大雪后及时摇掉树上的积雪,避免大雪压断树枝及冻伤果树。可将积雪堆放到树根部,用来抵挡寒风及增加土壤湿度,保护根颈不被冻伤。

27. 果树冻害后的补救措施有哪些?

（1）**合理修剪**　冻害后及时清除枯死的叶片,待第二年发芽后根据冻害情况进行修剪,要尽量多留枝叶,少留花芽,促进新枝发生,尽快扩大、恢复树冠。加强夏秋修剪,冬季采用回缩、疏枝的方法,修剪后及时涂抹伤口保护剂,防止剪锯口受冻、风干。

（2）**病虫害防治**　受冻的果树树体弱,抵抗力差,容易引起多种病虫害的发生。应在萌芽前喷施高浓缩强力清园剂、腐必清、新果康宝等药剂,防止腐烂病发生,及时防治病虫害。

（3）**加强管理**　解冻后,对果园进行松土,改善土壤透气性,提高土壤温度,促进根系活动。适当灌水,地面追肥,促进新梢发育,增强树体营养。

（4）**保花保果**　花芽冻害导致花量减少,要采取保花保果措施,进行人工授粉,提高坐果率。冻后要及时疏花疏果,控制产量,节省树体营养,增强树势。

28. 什么是霜冻?

霜指当地面或物体表面温度降到0℃时,空气中的水汽凝结形成的白色结晶,属于天气现象。而霜冻则是指气温在短时间内突然下降,地表温度骤降到0℃以下,使作物遭受伤害或者死亡的低温危害,是一种灾害性天气,属于生物学现象。发生霜冻时,往往伴有白霜,也可能无霜,不伴有白霜时的霜冻被称为"黑霜"。

29. 霜冻的发生与哪些因素有关?

(1)天气条件　霜冻易在晴朗、无风或微风、低温及低湿的条件下发生。晴朗无风的清晨或夜间,地面辐射散热很快,使得地表和植株表面温度迅速下降,当降至0℃以下时,植株会遭受霜冻危害。大气中水分能够贮藏热量,减少温差,因此,雨多时霜冻轻,雨少时则霜冻严重。

(2)地形、地势　洼地、小盆地和山坡下部,霜冻严重。因为这些部位的地势低洼、地形闭塞,冷空气容易下沉积聚。对于山坡来说,山坡中部的空气流通较畅,霜冻最轻;山脚比山顶霜冻重;迎风坡比背风坡霜冻重;北坡比南坡霜冻严重;东坡和东南坡比西坡及西南坡霜冻重;缓坡比陡坡霜冻重。

(3)土质环境　干松的沙土,持水率差,导热不良,深层的热量不易上传,白天增温快,夜间温度降得也快,霜冻可能较重。坚实而湿润的黏土等,因导热性较好,霜冻危害较轻。

30. 霜冻对果树可能造成哪些危害?

霜冻对果树的影响主要是晚霜冻能使萌动的芽、花甚至幼果、幼叶受到伤害。严冬过后,果树已解除休眠,逐渐进入生长发育期,各器官抵御寒害的能力降低,特别当异常升温3～5天后突然遇到强寒流袭击,更容易受害。萌动的芽受霜冻伤害后,外表变褐或黑色,鳞片松散,不能萌发,而后干枯脱落。果树花器官抗寒力较差,在萌芽期和花芽膨大期遭遇剧烈降温,会导致开花延迟。花器官中以雌蕊最不耐寒,轻霜即可受害,虽能正常开放,但不能受精结果;受冻稍重者花丝、花药和雌蕊变成褐色和黑色,最后干缩;重者子房受冻,变成淡褐色，横切面的中央、心室和胚珠变成黑色；严重者整个子房皱缩，花梗基部产生离层而脱落。有些年份幼果也受霜冻，轻者仅伤害部分组织，果实虽然能膨大，但往往变成畸形小果；重者幼果停止膨大，变成僵果；严重者果柄冻伤而落果。幼叶受霜害时，叶片变褐、发软甚至干枯。

31. 霜冻的预防措施有哪些？

（1）培育抗霜冻能力强的品种　选育抗霜冻能力强的品种可以从某种程度上避免晚霜造成的危害。如中国宁夏选育的宁红短枝型苹果新品种，抗霜冻能力明显强于元帅和新红星等品种。

（2）推迟果树萌芽开花　树干涂白或喷白：早春树干、主枝涂白，以反射阳光，减缓树体温度上升。涂白剂的配方：生石灰 10 份、食盐 1～2 份、水 35～40 份，再加 1～2 份生豆汁，以增加黏着力。也可以用 10～20 倍液的石灰水喷布树冠，以反射阳光、减少树体对热量的吸收，降低冠层与枝芽的温度，可推迟开花 3～5 天。或花前 7～10 天喷 PBO 200 倍液。

树体喷药：萌芽前树体喷洒萘乙酸钾盐（0.25%～0.5%）溶液。

果园灌水：灌水不仅能补充树体水分，还可以增加近地面空气相对湿度，使气温缓慢下降，减轻冻害发生。另外，灌水可以推迟花期，躲避冻害。萌芽前灌水 2～3 次可推迟花期 2～3 天；发芽后再灌水 1～2 次，可推迟花期 3～5 天。

（3）改善果园的小气候

熏烟法：晚霜来临前对果园进行集中熏烟，可提高气温 1～2℃。霜冻降临当晚，可在果园四周或行间堆燃树叶、锯末、柴草、麦糠等发烟堆熏烟，设在上风口，每亩果园堆放 6～10 个烟堆。近年来，采用 20% 硝铵、70% 锯末和 10% 柴油混合制成的烟雾剂熏烟，使用方便，烟量大，防霜效果好。也可用自制烟雾弹防霜，以 30% 硝铵、30% 沥青和 40% 锯末为原料，先将锯末和硝铵晒干、压碎、过筛，然后将三种材料混合拌匀，包成筒状药管，中间插上药捻或导火线即成，在来霜前 1 小时左右点燃，可放出大量浓烟。

树盘覆草：早春用杂草覆盖树盘，厚度为 20～30cm，可使树盘升温缓慢，限制根系的早期活动，从而延迟开花。如能够结合灌水，效果更好。

加热法：在果园内每隔一定距离放置一加热器，在将发生霜冻前点火加温，使下层空气变暖而上升，而上层原来温度较高的空气下降，在果树周围形成一暖气层，一般可提高温度 1 ～ 2℃。

其他措施：在果园上空使用大功率鼓风机搅动空气，可吹散凝集的冷空气，能预防霜冻，甘肃省天水市秦安县采用防霜风扇，可保护 15 亩果树不受辐射霜冻。

图 55　防霜风扇

（4）喷营养液或化学药剂防霜

喷防霜剂：研究表明，果树上的冰核多是由冰核细菌产生的，它们能提高植物体内水分的冷却点，从而使植物在 0℃ 以下低温时发生霜冻。因此，除去已存在的冰核，杀死产生冰核的细菌，能够降低树体内水分结冰的温度，从而减轻或避免霜冻的危害。

喷施防冻剂：在冻害发生前 1 ～ 2 天，喷果树防冻液加 PBO 液各 50 ～ 100 倍液，防冻效果极佳。也可喷自制防冻液：蔗糖 45 份、葡萄糖 43 份、甘油 3 份、其他营养素（包括肥料、植物激素等）2 份、清水 5 000 ～ 10 000 份、琼脂 8 份。先将琼脂用少量水浸泡 2 小时，然后加热溶解，再将其余成分加入，混合均匀后即可使用。

喷可杀得：在霜冻前一天喷布可杀得 400 倍液，也能防止果树霜冻。

喷生长调节剂：强冷空气来临前，对果园喷布 1 000 倍液天达 2116 或 0.3% ~ 0.6% 磷酸二氢钾溶液、芸薹素 481，均能较好地预防霜冻。

32. 果树霜冻后的补救措施有哪些?

1）及时对树冠喷水，降低地温和树温，缓解霜冻危害。

2）对未开完的花进行人工授粉，提高坐果率。

3）喷碧护、芸薹素 481 或天达 2116，提高坐果率，弥补一定的产量损失。

33. 雪害会对果树造成哪些危害?

1）雪害引起降温，使果树遭受冻害。

2）加剧病虫害的发生。冰雪消融时，由于冻融交替，冷热不均，导致树干、枝干阴阳面受热不匀，容易造成树皮爆裂，从而加重腐烂病、干腐病和粗皮病的发生；雪害也会对未保护的剪锯口造成冻害，加重腐烂病的发生。降雪时如地面还未结冰，地温偏高，有利于地下越冬虫安全越冬，加重来年虫害。

3）影响来年产量及果实品质。秋末冬初气温偏高，突遇暴雪导致温度降低，温度剧变不利于花芽分化，对来年产量及品质产生影响。

4）影响苹果的运输和销售。

34. 果树上预防雪灾的措施有哪些?

（1）选择适合的树种、品种建园 苹果建园时要根据当地的气候（温度条件）选择合适的品种栽植，要在适宜生长的地方建园。

（2）加强果园管理 一般树势强壮的果树受雪害影响较轻，因此，在果园栽培管理中要做到精细管理，尤其生长后期要控水控氮，多施磷钾肥，及时修剪，使枝条充分成熟，促进树体养分积累，增强树势，提高抗雪灾能力。

（3）设防寒屏障或营造防风林带 可在果园迎风面设防寒屏障，抵挡冬季寒流侵袭或营造防风林带，因为防风林带可以有效降低风速，减缓温度降低的速度，提高果树抗冻能力。

（4）**架设暖棚** 有条件的果园可架设暖棚，支架北高南低，向阳面挂草帘，昼除夜覆，必要时要整天遮盖。

（5）**树盘覆盖、根际培土及树干包扎** 用稻草或薄膜覆盖树盘或者在树干基部培土，可以有效减少土壤水分蒸发，提高地温，保护根系及根颈免受雪灾冻害。还可以用稻草等对树体进行包扎，提高树体的抗冻能力。

（6）**喷施抑蒸保温剂** 在树冠上喷石蜡等有机化合物，可以减少叶片水分蒸发，提高叶肉组织生命力，进而提高树体的抗寒防冻能力。

（7）**摇掉树上积雪** 雪后要尽快清除树上积雪，减轻树冠压力，防止压断树枝，避免冰雪消融冻伤花芽、枝干，清除积雪时注意避免对树体造成二次伤害。条件允许时，尽快用稻草包裹树干、覆盖树盘进行保温。

（8）**清除树盘积雪** 及时清除树盘积雪，最好尽快用麦秸、稻草进行覆盖，减少温、湿度变化，防止树干发生冻害。

35. 怎么护理受雪害果树？

（1）**护理折伤枝** 对已经压劈的枝干要及时包扎护理，将枝干伤处用木板夹住复原，再用塑料布进行包裹，用绳拉或支柱撑起进行加固，以利于伤口的愈合及恢复。对完全折断的树枝要锯掉削平，先用2%～5%的硫酸铜溶液对伤口进行消毒，之后涂抹蜡或人造树皮等保护剂。

（2）**及早追氮肥** 待土壤解冻后及早追施速效氮肥，以增加树体营养，促进树体尽早恢复。

36. 大风发生的规律和特点是什么？

大风是在一定的环流和天气形势下形成的，多出现在春季，夏季最少。从地理位置看，北方发生多于南方，沿海地区多于内陆，其中，青藏高原、内蒙古平原、松辽平原、辽东半岛、华北平原及台湾海峡等地区经常出现大风害。

37. 风害会对果树造成哪些危害？

（1）**影响授粉、受精及产量** 果树花期如遇大风，会使空气相对湿度降低，易造成花柱头干燥，影响授粉、受精。此外，大风还会影响许多昆虫的飞行，影响传粉，使坐果率降低。风力过大时还容易引发剧烈降温，产生平流霜冻，造成果树严重减产。

（2）影响树形　新梢旺长期如遇大风灾害，会使新梢逐渐倒向一边，形成偏冠形，即"旗形树"。这样的树，光照不好，难以修剪，影响树体产量。

（3）影响果实生长　生长季遇风灾，枝条来回摇曳，会导致树体蒸腾量增大，叶温降低，严重时使叶片气孔关闭，光合减弱，影响生长；风速过大还会吹伤叶片，影响产量，又妨碍来年花芽的形成。雨后大风则易吹歪树冠，导致树体倾斜。秋季大风易造成树上果实碰伤，还会引起落果，降低产量及优质果的产出。

（4）导致越冬抽条　枝条经长时间风吹会导致过度失水，逐渐皱缩、干枯。

（5）造成土壤养分流失　清耕的果园内，大风会吹走地表细土，引起土壤养分流失，土地逐渐变得贫瘠。

38. 预防大风灾害的基本措施有哪些？

1）合理建园，避免在风口建园，尽量选在背风处建园。果园要合理密植，或宽行密植、双行密植，以增强群体的抗风能力。果园边缘及靠近道路两边和风口处易受大风危害，要种植早熟的或果形小、抗风力强的品种。

2）建造防风林带。防风林是减轻和避免风害的有效措施之一。防风林带应建成林网状，除了主林带外，还应建造副林带及与主林带垂直的折风带。

3）采用深沟高畦栽植，及时加强排水，要深施基肥，深翻扩穴，促进根系向深层扩展，增强树体支持能力。还应增施磷、钾肥，促进树体强壮，避免徒长。

4）树盘覆草或行间生草，避免地表裸露，防止大风、暴雨冲刷土壤，减少表土的流失。

5）选择合适的砧木，防止嫁接口愈合不良及"小脚"现象的产生。

6）宜采用低干矮冠树形，降低树冠的高度和重心，以增强树体的抗风能力。对幼树要进行绑缚，防止大风摇动。注意大枝均匀分布，防止树冠歪斜。对结果多或老、弱树，做好顶吊、支撑及立支柱等工作。

7）加强病虫害防治。天牛、吉丁虫及木腐病等病虫害对枝干木质部破坏极大，易引起风折，要加强对这些枝干病虫的防治。此外，也应加强根部病害的防治。

39. 大风灾害后的管理措施有哪些?

（1）果园清理　大风后要及时清除园内的残枝、残叶、落果等，防止病菌传染，减轻病害发生。

（2）土壤管理　风灾后降雨严重时会造成园内积水，要迅速排水。及时中耕除草，增大土壤的通透性，促进根系生长。落叶严重的要及时追肥，加速新梢生长，以尽快恢复树势。

（3）补充叶面肥　风后要适当补充叶面肥，以氮、磷肥为主，促进营养生长。对落叶严重的树要及时追肥，采用根注蒙力28+水200倍，促进新梢生长，尽早恢复树势。

（4）扶正果树　对于倒伏、歪斜的小树，需在风后土壤尚松软时进行扶正、固定。对伤断严重的根系应进行修剪，促进新根发生。歪倒严重的树可在扶正后立柱支持。扶正后可在树冠下覆草，以稳定地温，保持土壤湿度，促进根系生长。

（5）整形修剪　对大树上劈裂的大枝，劈裂处用木棍等作为夹板夹紧，同时用绳子绑紧，促进愈合。劈裂的大枝要进行回缩及疏剪，再用木棍、绳索等进行顶吊，防止进一步折断。已经断裂的大枝要及时锯掉，伤口用人造树皮进行保护，防止病虫感染。

（6）防治病虫害　风后会造成枝、叶及果实出现伤口，容易诱发多种病害的发生，因此要及时进行喷药，防止感染。

40. 鼠害的活动和危害特点是什么?

鼠害是世界性的生物灾害，是农业四大生物灾害之一，它传播多种人体疫病，是制约农业生产发展和危害人们身体健康的重要灾害。鼠害由于害鼠种类多、复杂，而且数量大，适应性广，生命力强，繁殖率高，防治难度大，已成为农业生产上的重要灾害。

据调查，为了保障农业生产和广大人民群众生活健康安全，达到有效防控鼠害，结合生产实际和鼠害发生危害的特点，实施以药物毒杀和其他措施相结合的综合治理技术措施。

41. 野鼠的活动范围有多大？

老鼠多数生性狡猾，老鼠嗅觉、听觉灵敏，为保护自身安全，大多昼伏夜出，黄昏、黎明前活动频繁，一般活动范围与食物有关，当食物缺乏时，活动范围就广，比如说褐家鼠，当食物缺乏时，一夜活动范围达 1km 以上。

42. 鼠害的防治方法有哪些？

农田害鼠的防治有物理防治、化学防治、生物防治、生态控制等多种方法。对已发生鼠害的果园来说，一般可以进行物理防治与化学防治。

鼠害的物理防治主要是利用物理学的原理制成捕鼠器械来灭鼠。其优点是对环境无残留毒害，死鼠易清除，灭鼠效果明显。缺点是费工、成本高、投资大。常用的器械主要有鼠夹、鼠笼、翻板水掩、压板、电子捕鼠器等。电子捕鼠器有见效快、捕杀范围大、驱鼠效应长久、处理死鼠方便等特点。近年，陕北果农有用煤气喷入鼠洞的方法，杀死田鼠的，对环境无残留。

43. 鼠害的化学防治方法是什么？

它是用有毒化合物杀灭老鼠的一种方法，分急性灭鼠药和慢性灭鼠药两类。化学灭鼠适用于不同环境、不同条件下鼠害的防治，不受地区或生态环境限制。常用的投毒法，毒饵配制和投毒方法易为群众掌握，投药简单，工效高，灭效好，见效快，适用范围广，也不需要特殊的设备和条件，很容易被群众所接受。化学灭鼠能在投毒后很短的时间内大量杀死害鼠。只要使用得当，目前的杀鼠剂的灭鼠率一般在 90% 左右。化学灭鼠是目前大面积控制鼠害普遍使用的一种方法。

在化学灭鼠过程中应注意的事项：①配制毒饵应选用新鲜食物，不用霉变物，以免影响适口性。②用热水稀释药剂优于用冷水稀释药剂。③如发生中毒，可用肌内注射或静脉滴注维生素 K 解毒。④死鼠要集中深埋。

44. 鼠害的生物防治方法是什么？

生物学灭鼠是利用天敌灭鼠，如鸟类中的猫头鹰，猛禽类中的鹰，兽类中的猫、狐狸、黄鼠狼以及爬行类中的蛇。应该大力保护鼠类天敌，充分发挥其自然控鼠能力。还可利用微生物（病菌）和外激素等来消灭和抑制鼠类数量的上升。这是防止环境污染、维持生态平衡的有力措施。可积极饲养，扩大繁殖，保护利用。

45. 兔害的活动和危害特点是什么？

野兔是一种广泛分布的中型食草动物，主要栖息于植被丰富的河谷、山坡及平原地带。一般是寻自己的踪迹活动，喜欢走多次走过的固定路线，生性机警灵敏，奔跑迅速，居住隐蔽，育子期有固定的巢穴，繁殖力强，一年多胎，一胎3～10只，当年幼崽即可繁殖。清晨和日落后为活动高峰期，冬、春两季食物缺乏时，特别是雪后，主要啃食幼树，环咬树皮，引起幼树大量死亡。对新栽苗木干颈咬断全部啃食或扔在一旁，出现了"边栽边吃，常补常缺"的现象，直接影响果树成活率。由于近几年随着退耕还林的扩大，野兔的危害在许多地方呈上升趋势，野兔已发展成严重影响林业生态环境建设及退耕还林草的生物灾害之一。为此必须提出保障措施，以有效防治林业兔害。

46. 兔害的防治时期和方法是什么？

根据野兔的生活习性，防治最适时期是春、秋、冬季的清晨、傍晚活动高峰期。

树干涂白和塑料套管，既可以起到趋避作用，又能起到保护、保湿、防止幼树抽条的作用，尤其是当年新栽的果树要提倡涂白或套塑料套管。

生物防治是指利用捕食者、寄生物、病原体等天敌来降低兔害密度的方法，即保护兔子的野生天敌及人工驯养等办法，充分利用生态系统的自身调节能力达到生态平衡。目前，生态环境逐渐恢复，天敌数量增加，但控制兔害需要相当长的时间。

47. 什么是果园鸟害？鸟害发生的特点是什么？

果园鸟害（见彩图59）主要是指由于鸟类啄食（包括取食、啄掉、啄伤等）果树的果实造成减产或品质降低，而且被啄果实的伤口处有利于病菌繁殖，使许多正常的果实生病，同时春季鸟类还会啄食嫩芽、花瓣、花蕾等，踩坏嫁接枝条等，都给果树生产带来较大的经济损失。尤其是位于山区、丘陵区的果园，在果品快要收获时，常常受到喜鹊、鸽子、麻雀、山雀等鸟类的危害，特别是近年来随着自然生态环境的改善，鸟类品种日益增多，果园遭受鸟害的问题更为普遍。

一年中，鸟类活动最多的季节是果实着色期和成熟期，其次是发芽初期至开花期。苹果是鸟害危害最严重的果树树种之一，啄食苹果的鸟类主要是鸦科鸟类，如喜鹊、灰喜鹊、红嘴蓝鹊等。一天中，黎明后、中午和傍晚前后是明显的鸟类活动高峰期，这些时段害鸟活动最频繁。处于公路边，人、车经过比较多的果园，鸟害相对较轻，而比较僻静处鸟害相当严重，有的树到成熟期甚至只剩 20% ～ 30% 的果实。

48. 果园鸟害很严重吗？

近年由于我国生态环境的改善和全民环境保护爱鸟意识的增强，鸟的种类、种群数目急剧增加；同时各地果园管理水平加强，水果质量提高，色艳、味甜，早熟与晚熟新品种不断出现，也增强了对鸟类的诱惑力，尤其是外露的水果，更易遭到鸟类侵袭。目前鸟害问题已相当严重，长得好好的果实，几天之间就会让鸟给啄得千疮百孔，损失惨重。据统计，果园每年被鸟啄食的水果达到总产量的 25%，鸟害严重的地区达到 50% 甚至绝产。鸟害不仅对果实造成伤害，使其失去商品价值，而且会进一步引发病虫害，极大地降低了果品的产量和质量，因此鸟害已到了非治不可的地步，应采取适宜的方法进行防治。

49. 危害苹果园的鸟类主要有哪些？

对苹果造成危害的鸟类主要是喜鹊、灰喜鹊、红嘴蓝鹊、白头鹎等，其次是麻雀、乌鸦、灰椋鸟、大山雀、雉鸡、斑鸠、黄胸鹀等。

50. 传统的驱鸟方法主要有哪些？

驱鸟方法根据驱鸟的形式可分为声音驱鸟、视觉驱鸟、物理驱鸟、化学驱鸟4种。

51. 物理驱鸟包括哪些方法？

物理驱鸟主要包括果实套袋和铺反光膜以及设置保护网等，此外还有拉筑防鸟刺、防鸟电篱等。它是通过物理形式对接触到的鸟类进行驱赶，其缺点在于设备烦琐，需要对作物进行大面积覆盖，导致造价昂贵，且设备灵活性差。

对苹果等较大的果实进行套袋，可缩短鸟类的危害期，减少果品的损失，但有些体形较大的鸟如灰喜鹊、乌鸦等，常能啄破纸袋啄食苹果果实，从而使套袋起不到很好的防鸟作用，同时这种方法实施起来比较麻烦。摘袋后再套塑料纱网袋，既可保护果实不受鸟类危害，也可保护果实不受各种害虫的危害。

果园地面铺盖反光膜，反射的光线既可使鸟类短期内不敢靠近果树，还利于果实着色。

对树体较矮、面积较小的果园，鸟类危害前在果树上方架设铁丝网架，网架上铺设尼龙丝专用防鸟网，网架的周边垂到地面并用土压实，以防鸟类从旁

图56 安装防鸟网

边飞入。用保护网（丝网、纱网等，网孔应钻不进小鸟）将果园罩盖起来即可，由于大部分鸟类对暗色分辨不清，因此应尽量采用白色尼龙网，不宜用黑色或绿色的尼龙网。同时还可以防冰雹，果实采收后即可撤去保护网。这是防治鸟害效果最好的方法，但这种方法的缺点是费用太高，投资较大，操作麻烦，而且对于种植面积特别大的果园等不适用。

图 57　铺设反光膜

52. 什么是声音驱鸟？它包括哪些方法？

声音驱鸟是用声音把鸟类吓跑。鸟类的听觉与人类相似，人类能够听到的声音，鸟类也能够听到。声音设施应放置在果园的周边和鸟类的入口处，并利用风向和回声增大声音防治设施的作用。

声音驱鸟包括以下方法：

1）驱鸟炮：是由专业公司生产的装置，利用电子放大声响驱赶鸟群。

2）智能语音驱鸟器：利用数字技术产生富有生物学意义的声音，如猛禽的叫声、鸟类遇难或报警声、不同种类鸟的哀鸣，对同类的鸟造成恐吓作用，同时还可以把他们的天敌吸引过来，把过路的鸟类吓跑。

此外，很多果农自制简易的驱鸟物品，例如将鞭炮声、鹰叫声、敲打声、鸟的惊叫声等录下来，在果园内不定时大音量播放，以随时驱赶园中的散鸟。

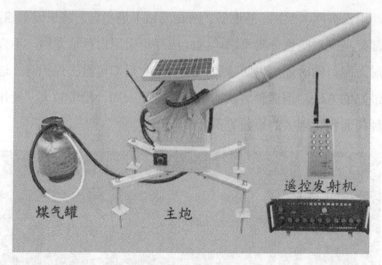

图 58　驱鸟炮

煤气罐　　主炮　　遥控发射机

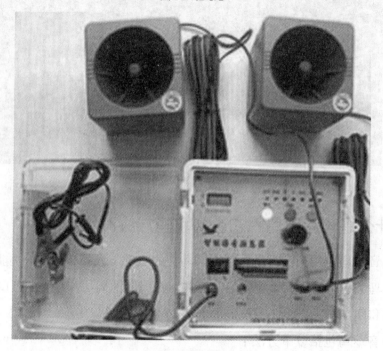

图 59　智能语音驱鸟器

53. 什么是视觉驱鸟？它包括哪些方法？

鸟类的视觉很好，会敏锐地发现移动的物体和它们的天敌存在，但是鸟类对视觉的反应不如对声音的反应强烈，所以视觉驱鸟最好与声音驱鸟结合起来，以使鸟类产生恐惧，收到更好的防治效果。同时使用这两种方法应及早进行，一般在鸟类开始啄食果实前开始防治，以使一些鸟类迁移到其他地方筑巢觅食。

在气球上面画一个恐怖的鹰的眼睛，放在果园的上面，能够飘来飘去，起到驱鸟的作用。

把一些发亮的塑料条、废弃光盘等挂在果园四周一些鸟害比较严重的地方，随风舞动，它可以反射太阳光，起到驱鸟的作用。

田间竖立稻草人、假人或塑料布制的小旗，制作仿真的鹰等鸟类天敌的模型，在园中放置，可短期内防止害鸟入侵。

54. 什么是化学驱鸟？它包括哪些方法？

顾名思义，化学驱鸟是在果实上喷洒鸟类不愿啄食或感觉不舒服的生化物质，迫使鸟类飞到其他地方觅食，达到驱鸟效果。化学驱鸟目前已是一种常用的方法。现在登记注册的化学驱避剂已有几十种。氨茴酸甲酯是一种可以在众多农作物上使用的化学驱逐剂，由美国公司生产，美国在葡萄、樱桃和苹果等果树上有应用。我国目前应用很少。另外，在果树上悬挂风油精、樟脑球等方法，也可以达到驱鸟的目的。

由于鸟类适应性极强，化学驱鸟长时间作用驱鸟效果不明显，且该方法会造成果品上的化学物质残留。

55. 果园干旱有几种类型？

干旱是指长期无雨或少雨，使土壤水分不足、空气干燥、作物水分平衡遭到破坏而减产的气象灾害。按形成原因通常分为土壤干旱、大气干旱和生理干旱。土壤干旱指土壤水分不足，不能满足植物根系吸收和正常蒸腾所需而造成的干旱；大气干旱是指气候干燥、降水量少而导致土壤水分蒸发和作物蒸腾作用加剧，树体水分平衡失调，叶片萎蔫，但可以通过土壤供水补充水分，恢复正常生长。生理干旱是指土壤不缺水，但其他不良土壤状况或根系自身的原因，使根系吸收不到充足的水分，而导致树体内发生水分亏缺的现象。不良土壤状况包括盐碱、低温、通气不良、有害物质等，这些都能造成根系对水分吸收运输的阻碍，致使树体水分失衡，代谢紊乱。从季节上划分，干旱可以分为春旱、夏旱、秋旱和冬旱。无论哪一种干旱，都会影响果树生长发育、产量和果实品质，干旱强度越大，时间越长，则经济损失越大。

56. 旱灾的级别有哪些?

根据《农业旱情旱灾评估标准》中对干旱等级的评定标准,可将干旱等级划分为 4 个等级。

(1) 轻度干旱 (Ⅳ级) 区域内大面积连续 25 天以上无有效降雨;30 天降水量比多年平均值减少 75%,或者 60 天降水量比多年平均值减少 40%,或者 90 天降水量比多年平均值减少 20% 以上;受旱面积占全市或区域耕地面积的 15% ~ 30%,旱情对农作物正常生长造成影响时为轻度干旱 (Ⅳ级)。

(2) 中度干旱 (Ⅲ级) 区域内大面积连续 40 天以上无有效降水;30 天降水量比多年平均值减少 85%,或者 60 天降水量比多年平均值减少 60%,或者 90 天降水量比多年平均值减少 30% 以上;受旱面积占全市或区域耕地面积的 30% ~ 45%,旱情对农作物的生长造成一定影响时为中度干旱 (Ⅲ级)。

(3) 严重干旱 (Ⅱ级) 区域内大面积连续 60 天以上无有效降水;60 天降水量比多年平均值减少 75%,或者 90 天降水量比多年平均值减少 50% 以上;受旱面积占全市或区域耕地面积的 45% ~ 60%,旱情对农作物的正常生长造成较大影响,局部地区的农村饮水发生困难时为严重干旱 (Ⅱ级)。

(4) 特大干旱 (Ⅰ级) 区域内大面积连续 80 天以上无有效降水;60 天降水量比多年平均值减少 90%,或者 90 天降水量比多年平均值减少 80% 以上;受旱面积占全市或区域耕地面积的 60% 以上,旱情使农作物大面积发生枯死或需补种改种,较大范围农村饮水面临严重困难,经济发展遭受重大影响,此时为特大干旱 (Ⅰ级)。

57. 干旱对苹果树体生长发育有哪些影响?

1) 干旱能使地上、地下部分生长同时减弱,但是地上部所受影响比地下部更严重,根冠比增大。干旱条件下,果树毛细根生长量减少,活力减弱,严重时甚至枯死,特别是 0 ~ 20cm 的浅层根系大量萎缩,但轻度干旱能刺激根系向较深土层延伸。

2) 干旱能抑制新梢的伸长和加粗生长,且加粗生长更敏感,受抑制程度相对严重。水分亏缺条件下,新生叶片数量减少,严重时叶片急剧衰老甚至脱落。

3)干旱导致苹果叶片光合作用下降,同化产物减少,生长点细胞停止分裂,抑制花芽分化。春季干旱则造成萌芽不整齐,花期推迟,花芽质量差。如果苹果开花期高温干旱,干燥的热风会使柱头很快干枯,粘不住花粉,即使有花粉也难以发芽,大部分花粉管变形或中途破裂,难以授粉受精,且花期缩短,极严重地影响坐果。幼果发育期干旱还会导致落花落果,降低坐果率,抑制幼果细胞分裂,果实细胞总数量减少,最终影响单果重。果实成熟期如果缺水,着色困难,单果重减少,果实耐贮性下降。

58. 受旱害的苹果园应采取哪些抗灾减灾的技术措施?

(1)选择抗旱性强的砧木 在经常遭受干旱威胁的果园,应尽量选用抗旱性强的砧木,提高水分利用率和抗旱性。

(2)果园生草 果园生草可保墒抗旱,调节地表温度;增加有机质含量,提高土壤肥力;改善生态环境,提高果品质量,明显减少果园的投入。在条件允许时,可以采用果园人工生草,草种一般选择抗逆性强、根系浅、产草量较高的类型,如豆科中的三叶草、黑麦草等。人工生草相对成本较高,生产上推广不多,应用较多的是果园自然生草,即利用果园自然生杂草,长到30cm以上时,留8~10cm刈割,覆盖于树盘内,每年刈割3~4次。连续多年自然生草对改良土壤状况、保水保肥等方面有明显效果。

(3)果园覆盖 用麦秸、玉米秸、花生壳等做覆盖物,覆盖厚度为10~20cm。如覆盖物充足,全园覆盖;覆盖物不足,则只覆盖树盘。撒土压覆盖物,以防风刮,严防火灾。覆草前结合深翻或深锄浇水,每株施氮肥200~500g,以满足微生物分解有机物对氮素的需要。果园覆盖后,地表径流减少,山坡地和沙滩地果园尤为明显,降水或灌溉水下渗损失少,供给果树根系水分的有效期长。

(4)穴贮肥水地膜覆盖 穴贮肥水地膜覆盖技术简单易行,投资少,见效快,具有节肥、节水的特点,一般可节肥30%,节水70%~90%。在土层较薄及无水浇条件的山丘地应用效果尤为显著,是干旱果园重要的抗旱、保水技术。

（5）合理使用抗旱剂　抗旱保水剂具有很强的保水性，可反复吸放水分，其缓释水分绝大部分能被植物根部利用。所吸水可随水势平衡出来，必要时根从保水剂凝胶中抽水。但使用土壤抗旱保水剂的果园必须要有一定的水浇条件，保证生长季能灌 2～4 次水，否则会有副作用。

（6）叶面喷肥　高温干旱季节，叶片为了减少水分蒸腾，气孔部分关闭，光合作用下降，光合产物减少，叶片处于"饥饿"状态，可结合药剂防治，喷施 0.2%～0.3% 的尿素、0.2% 磷酸二氢钾、氨基酸复合微肥 600～800 倍液，有利于降温，补充水分和养分，提高叶片功能。也能使树体含钾量增加，增强果树抗旱、抗高温能力。

（7）合理节水灌溉　为保证果树正常生长所需水分，应对果树进行节水灌溉。一定确保在果树最需要水分保障的时期即萌芽开花期、生长结果期、土壤封冻前进行灌溉。因此，要加大水利基础设施投入，因地制宜地修建各类水利设施，及时拦蓄雨水，安装简单实用的喷灌、滴灌灌水系统。微喷灌同漫灌比，全年可节水 70%。滴灌比喷灌更节水，比漫灌节水 80%～92%。

59. 什么是水涝灾害?

水涝是湿（渍）、涝和洪害的总称，是中国主要的农业气象灾害之一。按照水分多少，雨涝可分为湿害或渍害、涝害和洪害。连阴雨时间过长，雨水过多，或洪水、涝害之后，排水不良，土壤水分长时间处于饱和状态，使作物根系因缺氧而发生伤害，称为湿害或渍害；雨水过多，地面积水长期不退，使农作物受淹，称为涝害；雨量过大或过于集中，江河泛滥成灾称为洪害。果园常发生的是前两种情况。

按照涝灾发生的季节，雨涝还可分为春涝、夏涝和秋涝，发生的特点也不相同。春涝：春季主要是湿害，其次是涝害。早春迅速回暖，积雪融化，土壤尚未化时雪水下渗受阻，易发生湿害甚至涝害。夏涝：我国苹果产区主要气候是雨热同季，绝大部分降水量集中于夏季，易引起涝害和湿害。秋涝：入秋后雨量迅速减少，涝害比较少，局部地区的大雨和暴雨可引起小范围的积水而发生涝害。连阴雨持续时间过长及雨量过大，则可能发生大面积湿害。

60. 水涝对苹果树体生长发育有哪些影响?

果树对水的需求是有一定范围的，水分过多或过少，都对果树不利，水分过多引起根系缺氧，从而产生一系列危害。

（1）地下部 当土壤含水量超过了田间最大持水量，根系完全生长在沼泽化泥浆中，根系呼吸困难，吸水吸肥都受到抑制。由于根系无法正常吸收水分，蒸腾作用降低，蒸腾流流速减慢，矿质元素从根系运输到地上部分的数量减少。长期淹水使土壤溶液的酸度增加，还会产生一些有毒的还原产物，如硫化氢和氨等，能直接毒害根部。

（2）地上部 淹水后，植物的光合速率迅速下降，气孔关闭，阻力增加，作为光合原料的 CO_2 不能进入，光合作用停止；随淹水时间的延长，叶绿素含量下降，叶片早衰、脱落；土壤淹水不仅降低光合速率，光合产物的运输也下降；水涝过后，营养生长旺盛，花芽分化不良，影响第二年产量。

61. 水涝苹果园应采取哪些抗灾减灾的技术措施?

（1）保持土壤通透性 在地势低洼或经常水涝的园区，要安装完善的排灌系统，一旦有水涝发生可及时排水，保持土壤通透性。

（2）起垄栽培 果树起垄配套栽培是克服平原低洼地区果树栽培中存在的幼树徒长、难成花、产量低、旱涝严重等不良现象的优良方式。采取起垄栽培可增加土层厚度，增加土壤通透性，扩大根系活动范围，有利于提高果树地下新根的数量和比例。起垄栽培的果园，暴雨后地表水能迅速从垄沟排出，避免田间渍水，降低田间湿度，预防渍害和病害。

（3）果园生草 果园生草可减缓雨涝对果树的危害。生草果园雨后地表积水较少，加上草被的大量蒸腾作用可加快雨水的蒸散。与清耕园相比，生草园因雨涝带来的危害较轻。此外，生草果园更耐雨水冲刷，有利于水土保持。

（4）中耕松土 果园受涝，水分排出后，应进行中耕松土，防止土壤板结。对受灾严重的果树要及时将树盘周围根颈和粗根部分的土壤扒开晾晒树根，可使水分尽快蒸发，待经历 3 个晴好天气后再覆土。对受涝而烂根较重的果树，应清除已溃烂的树根并用杀菌剂（辛菌胺等）消毒。

（5）加强营养补给　果树受灾后，树体长势减弱，急需补充大量的营养。结合中耕松土进行施肥，大树每株施1kg复合肥或果树专用肥，小树酌减。同时一定要加强根外追肥，根注肥，补充果树养分，使树势尽快恢复。

（6）加强病虫害综合防治　涝害果园湿度大，树势衰弱，易受病菌侵染，有利于早期落叶病、枝干轮纹病等多种病害的发生和蔓延，应在天晴后立即喷药，防止病害发生，尽可能地降低雨涝造成的损失。

62. 抽条发生的原因是什么？

抽条是指幼龄果树越冬后因枝干失水而皱皮干枯的现象。这种现象在我国北方干寒地区普遍发生，而以西北地区尤为严重。苹果、梨等许多果树都可发生抽条。果树发生抽条后，轻者造成果树树形紊乱，树冠残缺，结果延迟，重者可造成地上部全部干枯死亡。因此，抽条对果树生产危害极大。

抽条主要是受果树本身生长发育的状况和外界环境条件两个方面影响。首先，我国北方一般前期干旱缺雨，枝条生长差，而到了7～8月进入雨季以后秋梢大量萌发，并迅速生长，且新梢结束生长要延迟到9月下旬至10月上旬，这样就使幼树枝条生长不充实，冬春极易抽条。其次，是外界环境条件不好，主要是冬春各种不良的气候因子影响，如越冬期间空气与土壤的温度、湿度都低，冻土层又厚，加上风多蒸发量大，土壤水分冻结，果树根系不能吸收水分，地上蒸腾作用却很强烈，造成树体内部水分长期缺乏引起生理干旱，枝条表皮即出现皱缩，发生抽条。

63. 如何防止苹果抽条现象？

1）选择合适的园址，尽量避开在风口地方，如果避不开，要在果园四周营造防护林，改善果园微气候，减少抽条。

2）肥水管理"前促后控"。在果树生长前期多施肥水，促进幼树枝叶生长茂盛，为积累营养物质打下基础；后期则应增施磷、钾肥，尤其是钾肥，及时排除积水，合理进行夏季修剪，喷PBO，控制秋梢生长，促进枝条充实，提高树体越冬能力。

3）生草果园秋季重点防治大青叶蝉。果园生草后，大青叶蝉数量增多，它产卵越冬时，常把果树枝条划破，造成月牙形伤口，伤口增多会加大果树的蒸腾量，抽条加剧，严重者可导致毁园。可在9月下旬至10月中旬大青叶蝉产卵之前各喷1次溴氰菊酯1500倍液，果树和地面杂草同时喷布，效果很好。

4）1～2年生幼树要做好越冬防寒工作。树干涂白，并绑缚草把。

5）灌透防冻水。11月上旬临上冻之前，需灌1次透水，使树体和土壤都贮存大量水分，也能保持来年春季的土壤墒情。

6）早春覆膜，提高地温。树盘覆黑膜，提高地温，土壤解冻快，根系活动早，利于根系吸收水分，及时补充树体内水分的亏缺，防止抽条的发生。

7）喷涂抗蒸剂。可以在2月下旬开始，解去绑缚，用猪肉皮涂抹幼树枝条，效果很好。或者用羧甲基纤维素150倍液喷涂2次，效果也不错。

64. 冰雹发生的特点和规律是什么？

冰雹是从发展旺盛的积雨云中降落到地面上的固体降水物，系圆球形、圆锥形或不规则的冰球或冰块。直径一般为5～50mm，大者有时可达10cm以上，又称雹或雹块。冰雹常砸坏庄稼和果树，威胁人畜安全，是一种严重的自然灾害。

冰雹多发生在春末夏初季节交替时，这个时期暖空气逐渐活跃，带来大量的水汽，而冷空气活动仍很频繁，这是冰雹形成的有利条件。在夏秋之交冰雹也常发生，冬季很少降雹。降雹的持续时间比较短，一般在5～15分钟，也有长达1小时以上者，但为数极少。冰雹的发生受地形地貌影响较大，一般山地发生多于平原，高原多于盆地，中纬度多于高纬度和低纬度地区，内陆多于沿海，北方多于南方。易发生冰雹的地形是山脉的向阳坡、迎风坡，山麓和平原交界地带，山谷，山间盆地，马蹄形地形区。冰雹源地多出于山区或山脉附近10～20km的地带。

65. 雹灾对苹果树有哪些危害？

（1）机械砸伤 果树的叶片、枝条、果实、树体受到冰雹的砸伤会损叶、折枝和落果而减产。果树在开花坐果时遭受冰雹灾害，会形成严重的落花落果现象，而导致大幅度减产。被冰雹打伤的幼果，轻者可以发育成熟，但带有雹伤的果实的商品价值会大幅度降低。果实成熟期若遭受雹灾，果实容易腐烂，也不耐贮存，常带来无法弥补的经济损失。

（2）冷冻影响　降雹之前，常有高温闷热天气出现，降雹后气温骤降，前后温差多达 7～10℃。剧烈的降温使正在生长的果树遭受不同程度的冷害，使被砸伤的果树伤口组织坏死，伤口愈合缓慢。少数降雹过程伴有局部洪水灾害等。

（3）表土板结　由于雨打和雹块的降落，常使土壤表层板结，不利于果树根系生长，特别是春、夏降雹天气过后，常有干旱天气出现，使板结层更加干硬，给果树的生长发育造成严重影响。

66. 有哪些防御冰雹的措施？

（1）加强降雹预报　雹灾具有偶发性，因而进行预防有一定难度。冰雹的形成又有明显的气象特点，所以进行预防又是可能的。要有效地防雹减灾，必须注意降雹预报。雹灾对果实的危害是果实越大危害越重。因此在果实膨大后应特别注意预报，以便及时采取防雹减灾措施。

（2）花果管理　在易发生雹灾的地区，疏果定果时更应留有余地，修剪时也要适当多保留些枝叶。适度增加枝叶密度，可相对减轻雹灾。此外，在允许条件下，果实及早套袋，也是减轻雹灾损失的有效方法。

（3）植树造林　植树造林可减轻午后的增温作用，降低风速，防止或减轻冰雹危害。建果园的同时在果园四周植树营造防护林。

（4）使用防雹网　防雹网是在果园上方和周边架设专用的尼龙网或铅丝网，阻挡冰雹冲击从而起到保护果树的作用。目前，最为安全保险的办法就是架设防雹网，每亩地成本 1 300～1 500 元，可以连续使用 3 年。

图60　防雹网铺设

图61　果园防雹网

图62　果园防雹网

67. 雹灾后苹果园应采取哪些抗灾减灾的技术措施?

(1) 清理果园 雹灾发生后及时清理果园内沉积的冰雹、残枝落叶及落果等，减少病源。

(2) 全园喷布杀菌剂 雹灾过后，立即全园喷布杀菌剂，推荐使用戊唑醇1 500倍液或多菌灵800倍液，以预防病菌侵入，间隔10～15天再补喷1次。

(3) 追肥补养，恢复树势 树体受伤，树势削弱，应及时给树体追肥，首先是叶面喷肥，0.2%磷酸二氢钾和氨基酸叶面微肥400倍液，每间隔10天1次，连喷2～3次，可及时解决树体营养不足问题。其次是地下追施果树专用肥，或根注蒙力28+水100～200倍，尽快恢复树势。

(4) 伤口保护 对于果树主干、主枝和一些较大侧枝的皮层被冰雹打伤后，应及时剪除翘起的烂皮，涂抹843康复剂或治腐灵等药剂，提高伤口的愈合能力。对于较大的伤口，在涂抹药剂的同时，用塑料膜包扎伤口，以加速伤口的愈合。

(5) 尽量减少修剪 及时剪除折断的小枝条或枝组，多留雹伤轻的发育枝或枝组，尽量做到剪口少而小，避免造成大伤口。剪口要涂专用的伤口保护剂，促进愈合，防止病害发生。

68. 日灼是怎么引起的?

日灼病是在水果上广泛发生的、由强光照射及果面高温诱发的生理失调症。日灼是农业气象灾害的一种，是强烈太阳辐射引起的树木枝干和果实伤害，亦称灼伤。有夏季日灼和冬季日灼两种类型。我国苹果多生长在夏季高温、干旱地区，果实日灼病问题相当突出，尤其是苹果等树种发生严重。

夏季日灼常常在干旱的天气条件下产生，其实质是干旱失水和高温的综合危害，主要危及果实和枝条的皮层。由于水分供应不足，植物的蒸腾作用减弱，在灼热的阳光下，果实和枝条因向阳面剧烈增温而遭受伤害。

冬季日灼出现于隆冬或早春，其实质是在白天有强烈辐射的条件下，因剧烈变温而引起的伤害。果树的主干和大枝的向阳面由于阳光的直接照射，温度上升很快。据测定，日间平均气温在0℃以下时，树干皮层温度可升高至20℃

左右，此时原来处于休眠状态的细胞解冻；但到夜间树皮温度急剧降到0℃以下，细胞内又发生结冰现象，冻融交替便发生日灼现象。

69. 日灼有哪些症状？

日灼主要分为果实日灼（见彩图60、彩图61）和枝干日灼两种类型。夏季日灼主要发生在果实上，果实生长发育季节日光照射强烈，果实阳面表皮温度过高，皮层细胞受热坏死，在果实受害部位形成淡紫色或浅褐色干陷斑，严重时果皮爆裂。冬季日灼主要发生在枝干上，经常发生在寒冷地区的冬末春初，昼夜温差大，这种冷热交替的温度变化，容易引起树干皮层细胞死亡，在树皮表面呈现浅紫红色块状或长条状日灼斑，严重时可危及木质部，并可使树皮脱落、病害寄生和树干朽心。苹果树腐烂病，有时是由于日灼而引起的。

70. 如何防止夏季果实日灼？

（1）**果实套袋**　选择外层纸防水性能好、内层纸遮光度强或涂蜡均匀的纸袋。套袋时一定要把果袋撑开，使袋子鼓起，通气孔张开，把幼果放在纸袋的中央，不要使幼果贴住纸袋（见彩图62）。套袋以后，如果遇到喷药或持续降雨后的高温高湿天气，要及时检查排水通气孔是否张开，对于粘在果面上的果袋，要及时把袋撑开。摘袋一般于采收前15～20天进行，摘袋宜在晴天9时～12时、14时～17时进行，也可于连阴天气（不下雨）进行，切忌雨天、雾天摘袋。双层纸袋分2次摘袋，应先摘去外层袋，过3～5个晴天通风后，再摘去内层袋，摘内层袋时宜在阴天或多云天气进行。对于一次性摘袋的双层纸袋和单层纸袋，先将袋底撕开呈伞状，罩在果实上，过3～5个晴天通风后，果实适应了外界环境，再将纸袋全部去掉，避免突然去掉纸袋后造成果实阳面日灼，阴雨天要延长通风时间1～2天；如果一次性把果袋摘掉，果面上的露水因日光照射而温度过高，也可能引起果面灼伤。

（2）**摘叶转果**　摘叶分2～3次进行，一次摘叶过多，会引起果实日灼。

一般情况下，要求摘叶量：红富士占全树总叶片的15%～20%，红星等元帅系品种占10%～11%。转果一般在摘叶后5～6天或当果实着色面积达70%时，于阴天或晴天的傍晚进行，避开中午阳光直射的时间。

（3）浇水　保持土壤湿润，干旱时及时浇水，树体能正常调节自身温度，可有效减少果实日灼病的发生。夏季高温季节，果实需要蒸腾大量水分以降低表面温度。若土壤缺水，则会加重日灼的发生。故在高温干旱期间，果园及时浇水非常重要。另外，在高温天气来临前，通过喷雾式的冷凉灌溉可以使果实表面温度迅速下降，有效地避免日灼发生。这在国外许多苹果园是一项常规措施。

（4）喷施抗氧化剂　抗氧化剂维生素C、维生素E、谷胱甘肽、苯二胺等都可不同程度地减少日灼的发生。

（5）注意夏剪　夏剪时，疏除背上枝、内膛过密枝时要适当，不能疏除过多；对果实上部的叶片尽量多留，避免强光直射果面；周围没有叶片且无枝叶遮挡、阳光能直射的果，修剪时要减少西南方向的修剪量，保留足够的枝叶量。

此外，果园实行生草制，套袋树不在主枝和骨干枝上环切；降低干高，多留辅养枝，避免枝干光秃裸露；及时摘除日灼果，防止病菌侵染等方法都可减少日灼的发生。

71. 如何防止冬季枝干日灼？

（1）树干涂白　早春，在主干、主枝及较大的辅养枝和侧枝上涂白，在树干和主枝上刷上一层白石灰后，由于白色能够反射太阳光，可使树干保持稳定的温度，让树干的皮层细胞不致因为发生剧烈的温度变化而冻伤。

涂白剂的配制方法：生石灰10份、石硫合剂2份、食盐1～2份、黏土2份、水35～40份。生石灰一定要溶化，否则它吸水后放热反而会灼伤树干。

（2）地面覆盖　土壤冰冻之前，在果树行间覆盖作物秸秆＋树叶等，既能提高地温，又可保墒。对少数1～2年生中幼树，最好采用覆膜防冻，也可防止抽条。

（3）伤口涂保护剂，减少水分蒸发

图63 树干涂白

图64 涂抹剪锯口保护剂

72. 怎样预防果园火灾？

一般果园地面易燃可燃覆盖物较多，像冬剪时剪下的枝条、枯叶、摘下的果袋、柴草等都是可燃物，特别是生草制果园，割下的草多覆盖在树盘上面，在冬春风多、风大的季节，一定要注意果园生产安全。

不要在室外用火，不要随意烧纸和烧荒。生草果园割下的草在进行地面覆盖时注意用土压好覆盖物。摘下的果袋、刮落的树皮、剪下的病枝叶等应及时收拾干净并处理掉。

73. 果园除草剂有哪些类型？

果园常用除草剂有两类：一类是灭生性的茎叶处理剂，如草甘膦等，对果树茎叶有杀伤作用，喷药时一定要避免药液飞溅到茎叶上。该类除草剂在杂草旺盛生长时期使用效果较好，主要去除已出苗的杂草。另一类是土壤封闭剂，常见的有乙草胺、莠去津等，其在土壤中残留时间长，要避免施药后灌水，以免药剂渗到土壤深层。该类除草剂大都在浇水、降雨或中耕后使用，主要去除未出土的杂草。

74. 除草剂的作用原理是什么？

除草剂通过茎叶或根部进入植物体内，干扰植物细胞的多种生理、生化代谢活动，进而使植物光合作用、呼吸作用受阻，细胞的分裂、伸长或分化受到抑制，阻碍有机物的运输及氮代谢，使得杂草内、外环境发生变化，最终导致其死亡。

75. 除草剂产生危害的原因及后果有哪些？

除草剂危害产生的原因主要有用药量大、混用滥用、药剂挥发或飘移、土壤残留、操作不规范、除草剂降解产生有毒物质及环境条件不良等。其危害后果有：

1）叶片受害。 表现为叶脉、叶柄弯曲、发黄，叶面水渍状，叶片窄长、卷曲、枯尖。严重的造成落叶、落花、落果甚至死树。

2）毒害树体及叶片。喷施的除草剂不可能完全被杂草吸收，仍有一部分会残存于土壤中。树体通过根系吸收土壤养分的同时，也会部分吸收土壤中的除草剂，这样在树体或果实中会积累一定量的除草剂。当树体内除草剂积累到一定量后会使植物组织结构遭受一定程度的破坏，对树体造成毒害，危害叶片及果实。

3）污染土壤和地下水。目前使用的除草剂多是长残留型的，其中20%～70%的会长期残留于土壤中，如遇降水则会渗透到土壤深处，对土壤及地下水造成污染。

76. 预防除草剂危害的措施有哪些？

1）选择抗性强的品种栽植。

2）建园尽量集中，设立果树保护带，或远离大田作物。

3）严格控制除草剂的用量和浓度。除草剂用量过大和浓度过高都会造成药害，因此使用除草剂时，要严格按照说明书的稀释倍数、施用时间、施用方法及注意事项。喷药时要均匀，避免喷洒在叶片上。尽量避开花期、果期喷施。

4）加入飘移抑制剂。喷药时，在药液中加入药量0.5%～1%的植物油型喷雾助剂，可减少除草剂的挥发，减少药液使用量，减少药害的发生。

5）清洗喷雾器具。打过除草剂的喷雾器要清洗干净，可先用清水冲洗，再用肥皂水或2%～3%碱水冲洗数次，最后清水冲净。

6）采用机械或人工除草，尽量不使用除草剂。若使用除草剂，选择内吸性传导强的除草剂，利于杂草对药剂的吸收传导，减少药害发生。

7）规范除草剂的使用。制定相关的法律法规，禁止使用污染较重的农药。

8）开发研制选择性强、无公害的新型除草剂。

77. 如何缓解除草剂对果树带来的危害？

1）排毒。土壤中除草剂过量时要多次用新水进行冲灌，可通过以下措施进行土壤改良：①施入生石灰浸泡土壤，中和土壤中的酸性除草剂，减轻药害；

②施用有机肥；③活性炭的使用。活性炭可有效吸附土壤中的除草剂，减少残留。植株上若沾上除草剂，可通过喷灌机喷水淋洗，减少沾在叶片上的除草剂。

2）加强园间管理，增施速效肥，合理灌溉，促进树体快速生长，或者喷施叶面肥。

3）应用生长调节剂。植物生长调节剂（如碧护等）能刺激植株的生长发育，促进生长，减轻药害。

4）使用解毒剂，可保护植株，缓解除草剂毒害。

六、苹果采后增值措施

1. 如何划分果实的成熟度？

水果适时采收是根据市场的需求及水果本身的特性、运输距离、贮藏时间、贮运条件等，选择合适的成熟度进行采收。采后用途不同，对成熟度的要求也不同，于是采收日期适当提前或延后。果实的成熟度一般分为可采成熟度、食用成熟度和生理成熟度三种。

1）可采成熟度是指果实已经有了生长和营养物质储备积累，大小已经定型，开始出现含糖量增加，硬度下降，叶绿素逐渐消失，果皮出现光泽或带霜，此时可以采收，但不是最佳期，却适合于长期贮藏和远销运输。

2）食用成熟度是指果实采后已经具备本品种固有的色、香、味、形等典型特征，达到最佳食用期的成熟状态，表现为果肉变软，香味浓郁，糖酸比适宜，此时采收的果实仅适合于就地销售或短途运输，但不适合长期贮藏和长途运输。

3）生理成熟度表现为果实采后各种生理变化完成后，走向崩溃死亡的标志，其征兆为呼吸跃变（达到高峰），乙烯达到最高释放量，种子已经充分成熟，果肉开始软绵崩烂，果实已不适于食用，更不便贮藏和运输，只有以食用种子为目的（板栗、核桃）的果实，才在生理成熟度时采收。

2. 如何确定果实的成熟度？

由于每年气候条件和栽培管理等条件不同，成熟度差异较大，所以判断果实成熟度应从多方面综合因素分析判断。一般多以感官及果实生长期来判断，常用方法有：

1）果实颜色的变化。以观察底色为主，面色为辅。果实成熟时底色由黄绿变为绿黄色，面色逐渐加深，由红色变成紫色。

2）果实生长期，即盛花到成熟的天数。

3）淀粉含量变化（用碘酊或碘化钾测定）。

4）果实硬度。

5）可溶性固性物含量和含酸量。

6）果柄脱离的难易程度（此法不适用于无离层形成的果实）。

7）种子颜色、果实表面果粉的形成、蜡质层的薄厚等。

3. 果实采收时应注意哪些事项？

果实应分批采收，做到成熟一块采收一块，同一品种应先采高燥地块和果园外围，后采潮湿地块和内部果。

采果顺序应先下部后上部，先外围后内膛，切忌强拉拽，以免拔掉果梗、碰伤花芽和短枝，影响下一年的产量。

采前果园灌水、阴雨天、晨露未干或浓雾时不得入园采果。大晴天的中午或午后也不宜采收。最佳的采果时间是晨雾已经消失，天气晴朗的午前为宜。

所有入园采果人员，采前都不得饮酒。指甲应当剪短，最好戴上手套，尽量减少或避免指甲伤、碰压伤、刺伤、摩擦伤等一切伤害发生。

所有采摘人员必须对果品进行初选，凡有腐烂果、残次果、病虫果等有瑕疵的果品皆不得装箱。

所有操作人员必须坚持果品轻摘、轻放、轻装、轻卸。及时运往包装预冷场所。严防日晒、雨淋、鼠害等。

4. 果品包装场如何进行操作？

一般果品包装场都设有卸果和药物处理装置。我国果品生产目前仍以小规模经营的手工操作为主，在这种情况下可以不设专用卸果装置，但某些果品的药物防腐处理必不可少，以免日后造成重大损失。例如苹果贮藏后期容易出现虎皮病，采后用 2 000～4 000mg/kg 的"虎皮灵"处理可收到很好的效果。目前国内常用的化学防腐剂主要有多菌灵、甲基硫菌灵等。处理方法是 500～1 000mg/kg 多菌灵（或甲基硫菌灵）加 200～250mg/kg 2,4-D 混合液洗果。

大规模的工厂化果品采后处理，需要有专用的包装场所。从采收到销售，一般需要经过以下程序：

适时采收—卸果—分瑕疵—清洗喷淋防腐杀菌—冷烘干—涂蜡（根据需要）—烘干抛光—分级（根据需要可凭外形、重量、颜色、糖酸度精确分级）—贴商标—装箱包装—预冷—贮藏—冷链运输—市场销售。

以上环节在具体操作时会有所不同。有些果品（例如套袋苹果）无须清洗、消毒，可直接分级包装。用于贮藏的果实，采后一般经过初选后直接包装（专用贮藏包装）入贮，出库后再进行分级包装处理。另外，对二氧化碳敏感的水果一般不能打蜡入贮（气调贮藏），否则易产生伤害。涂蜡的目的是为了保持较长的货架期及果品美观漂亮。

图65　果品分级包装场

5. 如何进行果品包装、堆码处理？

包装是果品安全贮藏、运输和商品化流通的重要手段。果品含水量高，组织柔嫩，保护性组织较差，容易损伤。同时，为了便于搬运、装卸、贮藏及合理堆放，增加装载量，提高贮运效率，需要良好包装。贮运包装（大包装）需要有足够的强度，有利于保护产品，防止造成损伤。同时，要求具有一定的通透性，便于果品散热和气体交换。包装还要求具有防潮性，防止吸潮变形，造成倒垛。包装要便于堆码。销售包装（小包装）要求有一定强度、卫生、美观，有利于销售。

包装容器分为采收包装、运输包装、果品堆码处理、贮藏包装和销售包装。可以将几种包装一体化，即采用一种包装形式就可兼用多种功能，有条件时应将贮运包装与销售包装分开，即采用抗压、防潮、透气、装量较大的木箱或塑料周转箱作为贮运包装，采用结实防潮、卫生、精美、便携（10kg 以下）的彩印瓦楞纸箱做销售包装。可购置一些 15～25kg 集采收、运输、贮藏包装三位一体的塑料周转箱，虽然一次投资大些，但坚固、耐用、防潮、轻便、可堆高、洗刷，使用年限长。

果品经预冷后要尽快入贮。合理堆码、库容空间的利用、堆码牢固、方便机械作业等会对果品贮藏寿命产生良好的影响。一般贮藏期间堆码要求箱体间、垛

图66 果品堆码处理

与垛之间和垛与库之间应留有一定间隙，有利于空气流通，均衡果品贮温。通常库间主通道要求 1.2～1.8m，垛（架）间通道 0.5～0.6m，箱体间距 2～5cm，垛距墙体 0.2～0.3m，距蒸发器 1m 以上，距库顶 0.5～0.6m，垛底离地 0.1～0.2m，堆码要求牢固，防止倒塌伤人。提倡用叉车配合托盘或贮藏大木箱进行机械堆码，以提高作业速度。

值得注意的是不要将不同品种、不同等级、不同批次、不同成熟度的果品放在一起。也不要将短期贮藏与长期贮藏的果品混合放在一起。对乙烯敏感性不同的产品也应分开放置。

6. 果实贮藏前如何进行冷库预冷处理？

水果采后带有大量田间热，呼吸旺盛，如不及时冷却，将加速果实成熟、衰老，严重时还会造成腐烂，影响贮藏。快速预冷降温，使水果呼吸减慢，根据各品种特性将果品中心温度速降至所需的技术参数，可以最大限度地保持水果原有的品质、延长货架期。所以预冷是冷链流通中的重要一环。

下面介绍两种实用的预冷方法：

（1）冷库预冷 现如今人工运输等费用居高不下，加大了商品成本，所以在冷库前期设计上要充分考虑预冷与贮藏兼用，满足不同条件下的使用。将采后果实迅速包装运至冷库内，堆码时彼此间多留空隙或开盖品字形四周离墙 1.5m 以上单体墙堆码，堆码高度以人搬动方便为宜，根据货物量可堆码双体墙，墙与墙间距 1m 左右，利用冷风机强制空气循环于产品周围，带走热量，使之冷却。然后封盖按贮藏要求沿四周堆码冷藏，这种方法要控制每日入货量，晚入货早堆码，每个库都如此这般，同样获得预冷效果。

（2）强制冷风预冷 利用普通冷库进行简单的压差预冷。将装有果实的有孔纸箱或塑料箱堆码成两堵封闭的"隔墙"，中间留有一定空间做降压区，用帆布将两个"隔墙"的顶部及两端连同中间降压区一起封闭，将两堵墙的外侧露出，按堆垛大小，在其一端或两端用风机向外抽风，使中间降压区内的气压降低，迫使冷空气从"隔墙"外侧的通风孔通过包装容器，从而带走果实中的热量，循环进行，即可达到压差预冷的效果。

7. 机械冷藏库有哪些特点?

机械冷藏是当今世界上最为广泛的果品贮藏方式,可以满足不同果品对温度的不同需要,受外界环境温度的影响很小,可以全年使用,贮藏果品时间也大大延长。冷库贮藏需要有良好隔热、保温、防潮功能的库房及机械制冷设备。现代化的冷库已实现了温、湿度自动化精确控制,管理更加规范化、智能化、科学化。虽然建设投资大,贮藏成本高,但贮藏期较长,产品质量好,损耗小,使用年限长,在发展农业产业化和高效农业的今天,已被普遍认可和接受,已逐渐成为果品保鲜的主体设施。

8. 如何进行果品贮藏库温测定?

温度是贮藏果品期间最严格最重要的条件之一,这就要求库温测定仪表要准确无误,运行稳定。目前,冷库所配置的电控箱控温系统均采用电子显示或电脑测温表,该表测温灵敏,读数显示清晰,精确度也可以,但这种测温仪表使用时间过长,有失真或失灵情况,遇上此种情况,将给管理上带来很大风险,容易造成产品冻害或受热。所以,安全、稳妥的做法是同时购置几支精密水银温度计,刻度为 $1/10 \sim 1/5$,与库内感温探头一起安放,另放在库内四角及插入果箱(或堆)内,以保证库温测定、管理准确可信。

9. 现代化家庭保鲜冷库是如何建造的?

现阶段我国农业生产体制是以家庭承包为主体,无法实现产地预冷贮藏保鲜及冷链流通,加之贮藏方式和消费方式原始,果品产后在流通环节中的损失高达 $20\% \sim 30\%$ 的事实又将难以改观,要彻底解决长期困扰亿万中国农民的投资、技术、贮藏保鲜等难题,避免季节性、地区性过剩。改变过去"季产季销、地产地销","旺季烂、淡季断","丰产烂市、果贱伤农",逐步转变为"丰产我贮、市无我售"的局面。只有解决每家每户的果蔬贮藏保鲜问题,使农民自产、自贮、自销产销一条龙,生产的产业链延伸至市场,才能实现"小群体、大基地"的效应。

我国现在多数果农经济实力有限,投资规模不宜过大。另一方面,多数农民对于制冷技术、保鲜技术方面的知识几乎是空白,或知之甚少。这就要求家庭保鲜库技术与设备必须是"懒汉""傻瓜"化、民用化。

北京一冷创佳科技有限公司经过实际调查研究，反复试验突破技术难题，终于研发出家庭节能环保冷库保鲜专用机设备，取得重大成功，并申请了国家专利：ZL201220209692.7。此项技术具有投资小、见效快、易学易懂、安装方便、运行稳定、插电即用等特点。库体可利用农村闲置房屋加以改造或按技术要求新建，单间房屋体积为50～120m³均可。保温材料首选挤塑板作为内保温材料，各地易购。门在原有基础上加以改造便可使用。节能方面采用（北方冬季）自然冷降温功能及热气熔霜技术，既节能又使库温熔霜时波动很小。环保方面采用先进环保型制冷剂，减少了氟对大气的污染。保鲜方面设备及电器件均采用进口品牌和部分国产品牌，产品在工厂一次性组装而成，质量有所保障。根据品种需要随时对产品

图67　家庭冷库外观

图68　家庭冷库专用机

进行杀菌，确保贮藏产品新鲜安全，货架期更长。

国外果蔬生产是合作化形式的现代化规模生产，采后处理、保鲜均为现代化设备的大规模流水线、气调库、冷藏车等，但以集约生产为特色的日本果蔬业，尽管单位果蔬占有贮量居世界第一，但几乎每个果（菜）农家中都有微型冷库，果蔬采收时，随采随入库，然后再集中到采后处理中心，这种模式是很值得我们学习借鉴的。

10. 如何认识和使用气调库？

气调贮藏是在冷藏的基础上，把果品放在特殊密闭的库房内，同时改变贮藏环境的气体成分的一种贮藏方法。它是建立在对果蔬采后生理深刻认识基础上的近期发展起来的一项新技术。在果蔬贮藏中降低温度、减少氧气含量、提高二氧化碳浓度，可以大幅度降低果蔬呼吸强度和自我消耗，抑制催熟激素乙烯的生成，减少病害发生，延缓果蔬的衰老进程，从而达到长期贮藏保鲜的目的。

和通用的常规贮藏及冷藏相比，气调库贮藏具有以下特点：鲜藏效果好，贮藏时间长，减少贮藏损失，延长了货架期，有利于开发无污染绿色食品，利于长途运输和外销，具有良好的社会效益和经济效益。

值得指出的是，气调贮藏是一种高投入、高产出的贮藏方式，设备工艺技术相对复杂，要求贮藏产品质量、分类等需符合气调贮藏规范标准，操作人员要经过严格的技术培训方能上岗。目前国内主要用于出口水果及贮藏效益较高的果品。

图69　气调库外观

图70　气调库技术走廊

11. 新鲜果品的销售运输流向该如何掌握？

中国幅员广大，东西南北温差很大，从而形成了不同地域、不同季节、不同产品种类、不同方向、不同大小的物流。

一季度。是北方果蔬收获的淡季，而南方广东、广西、福建、海南等地区是茄果类、荚果类的收获旺季。这个季节恰好是元旦、春节、元宵节三大节日集中期，海南省向邻近省和北方运输鲜果蔬需求量大，差价悬殊，运输流向由南向北运输为主，柑橘类水果也大量北上；与此同时，北方辽宁、山东、山西、陕西、河北、甘肃贮藏的苹果、梨、葡萄也大量运往东南沿海城市。

二季度。北方正值果蔬淡季，蔬菜主要靠保护地生产。此间华中、华东地区正值梅雨季节，华南、西南地区气温迅速回升，各地蔬菜差价不大，但南方的叶菜类，江苏、安徽、山东等地的蒜薹大量运往北方还是有一定的销售市场的。

水果此期间流量不大。5月末，南方的李子、桃子，6月荔枝等水果运往北方，其中一部分走空运。

三季度。南方夏季的高温、高湿、台风、暴雨天气，对蔬菜生长极为不利。而北方此时正是蔬菜收获旺季，甘蓝、青花菜等蔬菜开始陆续向南方运输，有利润空间。

同时，南方荔枝、龙眼、芒果、香蕉、菠萝等大量水果运往北方。而北方的桃、李、杏、葡萄等也大量南下。其中大量上市的西瓜，先是由南向北运输，接着就是由北向南运输，这一时期西部和西北部地区的甜瓜等价格低、质量好，大量由西向东、向南、向北运输，利润可观。

四季度。是果蔬运输流通最大的季节，南方的果蔬大量北运，而北方的果蔬也大量南运。

此外，云南的高档蔬菜，广州、深圳的进口水果，一年四季不停地运往全国各地，其中相当数量是空运，利润非常可观。

主要参考文献

[1] 曹克强, 国立耘, 李保华, 等. 中国苹果树腐烂病发生和防治情况调查 [J]. 植物保护, 2009,35(2): 114-117.

[2] 李保华, 王彩霞, 董向丽. 我国苹果主要病害研究进展与病害防治中的问题 [J]. 植物保护, 2013,39(5): 46-54.

[3] 李丙智, 韩明玉. 苹果矮化高效栽培技术 [M]. 西安: 陕西科学技术出版社, 2010.

[4] 李国梁. "花牛" 苹果无袋省力化栽培技术 [J]. 中国果树, 2012(4): 49-51.

[5] 刘国成, 吕德国. 寒富苹果标准化生产技术规程图册 [M]. 沈阳: 辽宁科学技术出版社, 2010.

[6] 刘志坚. 苹果无袋栽培与农药更新换代 [J]. 农业知识, 2012(12): 16-17.

[7] 马玉明, 刘树玲. 果树霜害防治措施探讨 [J]. 天津农林科技, 2004(2): 33-34.

[8] 苗玉侠. 果树防冻措施及受害后补救方法 [J]. 林业科技, 2014, 31(5): 117-119.

[9] 聂继云, 董雅凤. 果园重金属污染的危害与防治 [J]. 中国果树, 2002(1): 44-47.

[10] 聂继云. 果树标准化生产手册 [M]. 北京: 中国标准出版社, 2003.

[11] 施大钊. 我国农业鼠害防治技术的研究进展与展望 [J]. 中国有害生物防制通讯, 2012(1): 52-55.

[12] 王贵平, 薛晓敏, 路超, 等. 苹果专用授粉树应用情况及技术 [J]. 山东农业科学, 2012, 44(9): 129 -131.

[13] 王贵平, 薛晓敏, 路超, 等. 渤海湾地区苹果壁蜂授粉技术 [J]. 北方园艺, 2013(13): 62.

[14] 王贵平, 查养良, 马明, 等. 不同苹果产区壁蜂授粉生物学特性及授粉效应研究 [J]. 中国农学通报, 2013(34): 171-176.

[15] 王海波, 程存刚, 刘凤之, 等. 富硒富锌功能性保健果品生产技术 [J]. 中国果业信息, 2013(7): 38-39.

[16] 王金友 . 改进苹果和梨树主要病虫害防治技术的建议（一）[J]. 中国果树，2006,
    02: 52-53.

[17] 王金友 . 改进苹果和梨树主要病虫害防治技术的建议（二）[J]. 中国果树，2006,
    03: 54-55.

[18] 王金政，韩明玉，李丙智 . 苹果产业防灾减灾与安全生产综合技术 [M]. 济南：山
    东科学技术出版社，2010.

[19] 汪景彦 . 功能性精品苹果生产关键技术 [M]. 郑州：中原农民出版社，2009.

[20] 汪景彦，丛佩华 . 当代苹果 [M]. 郑州：中原农民出版社，2013.

[21] 王少敏，刘涛 . 苹果、梨、桃、葡萄套袋栽培技术 [M]. 北京：中国农业出版社，
    2010.

[22] 王学府，孟玉平 . 无公害疏花剂对不同苹果品种的疏花效应 [J]. 山西果树，
    2006(3): 3-4.

[23] 薛晓敏，王金政，张安宁，等 . 果树再植障碍的研究进展 [J]. 中国农学通报，
    2009, 25(01):147-151.

[24] 杨静莉，张春美，李继光，等 . 兔害防治措施及评价 [J]. 中国森林病虫，2004,
    23(3): 30-32.

[25] 杨易，陈瑞剑 . 中国苹果生产成本收益现状与趋势 [J]. 农业展望，2012(2)：29-
    31, 36.

[26] 杨宗光 . 冬季果园鼠害防控与救治 [J]. 现代农村科技，2011(3): 18-19.

[27] 张铁峰 . 如何生产富含 SOD 的高钙功能苹果 [J]. 果农之友，2011(9): 39.

[28] 张永茂，韩明玉，李丙智，等 . 我国富士苹果无袋栽培建议 [J]. 中国果树，
    2012(5): 72-74.